我部政明
gabe masaaki

世界のなかの沖縄、沖縄のなかの日本

基 地 の 政 治 学

世織書房

世界のなかの沖縄、沖縄のなかの日本：基地の政治学———目次

沖縄の基地問題

1 —— I・世界のなかの沖縄、沖縄のなかの日本

一九九五年九月四日、三人の米兵（海軍兵一人、海兵隊員二人）によるレイプ事件が沖縄で起きた。それ以後、米軍基地の存在が引き起こす犯罪、事故、騒音などによって脅かされている沖縄の人々の日常生活の営みを回復させよとの世論が沖縄では吹き出し、マスメディアによって世界中に伝えられると、放置できない問題として沖縄の「基地問題」があぶり出された。同年九月二八日に大田昌秀沖縄県知事（当時）は、日本政府の進める米軍用地強制使用手続きの過程で知事に求められていた代理署名を拒否する方針を表明した。沸騰する沖縄の世論に支えられて、知事の代理署名拒否発言は、日米安保条約によって基地の提供義務を負っている日本政府を狼狽させることになる。

だが、九六年九月一〇日に橋本龍太郎首相と会談した大田知事は、日本政府の「沖縄問題」への真剣な対応が確認されたと発表した。その三日後に、大田知事は政府の求める強制使用手続きの一つである公告・縦覧の代行の受け入れを条件に、政府から沖縄の経済振興策への強力な支援を引き出したとして、日本政府との関係改善に乗り出すことを明らかにした。この知事の姿勢に対して沖縄内部から不満と失望が表面化したが、知事への強い批判とはならなかった。同年一二月二日に発表された日米特別行動委員会（SACO）報告に関連する日米安全保障協議委員会（SCC）*の声明によって、普天間《ふてんま》基地の県内移設が政治課題として浮上した。移設先の沖縄本島北部の名護市、そして沖縄県庁、日本政府との交渉の行方が、現在、最大の関心事となっていた。

*日本側から外務大臣、防衛庁長官、米側から国務長官、国防長官の四人で構成される。日米間の安全保障に関する協議機関である。

沖縄の「基地問題」を考える際には、次の三つの点の理解が必要である。

第一に、沖縄の人々が抱く沖縄と日本本土との歴史的関係の記憶である。近代国家としての日本が形成される以前つまり、琉球処分までの沖縄と日本本土の歴史の歩みは、それぞれ異なっている。歴史的に、沖縄は日本本土とは別個の政治主体を形成していた。薩摩藩が沖縄を支配下に組み入れる一六〇九年までの琉球王国は、東アジア中華秩序のなかで日本、朝鮮、越南などと同様な地位を保持していた。しかし、一六〇九年を境に、中国（明朝と清朝）との朝貢関係を続けながら、薩摩藩の実質的な支配下に置かれた。日本本土が幕藩体制から明治国家へ移行した後の一八七九年、明治政府は琉球王国を廃止して、「沖縄」を日本国家の一部に組み込んだ。その後、アジア太平洋戦争の末期において日本本土防衛のための「捨て石」となった沖縄戦で沖縄の人々が多大な被害を受けたこと、そして引き続く一九七二年まで米国が沖縄を日本政府の了解の下で支配したこと。これらの歴史的体験は、現在なお生々しく多くの沖縄の人々の脳裏に焼き付いている。

こうした沖縄と日本本土の異なる歴史的体験は、沖縄を日本の一部としてでなく従属するものとみる差別意識の構造のもとで形成されてきた。現在でも、沖縄のなかでこうした体験をもつ世代の多くが日本本土からの被差別感情を抱いている。歴史的体験、支配―被支配の関係、差別の視点から、朝鮮半島、台湾などを日本の「国外」植民地とすれば、沖縄は日本人という国民共同体アイデンティティの構築にむけて文化、言語などの差異を暴力的に抑圧された「内国植民地」だと位置づける見解が生まれている。

第二に、沖縄の米軍基地の存在は日本の安全保障の構造に起因する。一九四五年から現在まで沖縄に米軍基地が存続する一方で、朝鮮戦争を経て、日本本土では米軍地上部隊が一九五七年から五八年にかけて全面的に撤収し、その一部（現在も存在する米第三海兵師団）が沖縄に移駐した。これら在日米軍の大幅な削減は、現行の日米安保条約の改定への前提条件となっていた。ベトナム戦争の過程で沖縄の基地機能は強化され、日本全体に占める沖縄の米軍基地の強化・集中化が進行し、現在に至っている（在日米軍専用施設の七五％が沖縄にあり、米軍は沖縄本島総面積の二〇％を使用）。

サンフランシスコ講和条約の発効した一九五二年に日本本土が占領から解かれたのに対し、沖縄は日本から切り離されて、一九七二年まで米国の施政権下におかれた。その理由として、極東における平和と安定のために米軍のプレゼンスを維持する必要からだと日米両政府は説明してきた。日本政府も同様な説明を繰り返した。その極東とは日本本土を含み、少なくとも朝鮮半島、台湾をその範囲としてきた。

非公式な形で引き合いに出される理由として、沖縄の米軍は日本の軍事大国化を抑制するためにあるというよく知られる「ビンの蓋」論がある。いずれにせよ、極東と日本本土の安全を確保するために沖縄に米軍を配置し、その米軍の自由な行動を確保するために、米軍は沖縄を日本から切り離したのである。一九七二年の施政権返還後、沖縄は日本の一部となったものの、依然として多くの米軍基地が存続し、現在もなお日本の安全保障の重要な要《かなめ》となっている。

こうした日本の安全保障への過重な負担を解消せんと「基地の撤廃」を求める沖縄からの声に対し、日本本土の旧社会党に代表されるリベラル勢力は、沖縄という少数者の声に耳を傾けてきた。だが、これらリベラル勢力は、安全保障の観点から日米安保条約の存在を容認することにより、結果として沖縄の過重な負担を減らす根本的解決をめざす政策を提示できないでいる。沖縄の「基地問題」をめぐって日本本土と沖縄のそれぞれの政治勢力にねじれ構造が存在し、その解決方向を複雑にしている。

第三は、沖縄経済の構造的脆弱性である。沖縄経済は返還以前は米軍基地関連の収入、そして復帰後は日本政府が投入し続けた財政移転に依存せざるをえない経済構造を特徴としてきた。それは、製造業の貧弱さと移輸入販売を主とする第三次産業、および公共事業に依存する建設業の構成比の異常な高さを物語っている。

こうした構造は、戦後沖縄に米軍基地が建設され、長期にわたり米軍のプレゼンスが予定されたことによって政策的に創り出されてきた。沖縄に米軍の基地を維持するためには、少なくとも沖縄の人々の「黙諾」を必要とし、そのために沖縄の人々の生活の向上を図ることが米国の沖縄統治の課題とされた。沖縄戦でわずかな生産財すら破壊された沖縄で経済復興を図る方法として選択されたのが、基地建設のための労働力を確保し、そこで支払われる賃金で必要な日常物資を輸入するという基地依存型輸入経済の形成である。しかも、その輸入先を可能なかぎり日本とすることで、基地建設のために投入されたドルは、賃金として受け取った沖縄の人々の手を経由し、輸入される日本製品と取り引きされて戦後日本の外貨獲得の源となった。こうした「ドルの二重使用」によって、米国の沖縄統治が行われ、日本の戦後復興が促進された。

返還後の沖縄に対し、日本政府は「平和で明るい沖縄県の建設」をスローガンとする振興開発計画を策定し、当時全国平均の六〇％弱の一人当り県民所得を引き上げるべく、所得格差の是正、自立的発展可能な産業構造への転換、つまり製造業の導入をめざした。一〇年の振興開発計画は、三次にわたり現在まで継続してきた。振興開発事業に対し高率の国庫補助が保障され、返還から一九九六年度までに政府が沖縄に投入した費用は、約五兆円にのぼる。こうした結果、一人当り県民所得は全国平均の七一％（九四年）まで上昇し、道路、港湾、河川に加え、教育施設、上下水道、医療・福祉施設が整備されてきた。しかし、自立発展可能な産業構造への転換は進まず、むしろ公共事業に依存する経済構造を強化すると同時に、環境問題を引き起こしてきた。

返還前は基地、返還後は政府の財政という外部依存型経済構造からの脱却が、沖縄経済の重要課題である。依存の相手である日本政府とどのような関係に立つべきか、あるいはどの程度の距離をもつべきなのかは、どのような沖縄経済の将来像を描くかという問いそのものである。日本政府の財政支援に依存する脆弱な経済構造からの脱却をめざす自立経済への道が、必然的に「基地問題」を解いていく際に直面する課題となることだろう。

沖縄の「基地問題」は、沖縄の人々にとって緊急に解決を迫られている課題だけではない。一九九五年秋以降の沖縄の行動は、とりわけ沖縄の人々を抜きにした「沖縄の基地」問題という視点から脱却して、少なくとも日本という国家はそのなかで暮らす一人ひとりの安全を保障できるのか、日本の国家自身のありようを問うている。

●参考文献

新崎盛暉『沖縄現代史』岩波書店、一九九六
我部政明『日米関係のなかの沖縄』三一書房、一九九六
牧野浩隆『再考・沖縄経済』沖縄タイムス社、一九九六

（初出＝『世界を読むキーワード』『世界』臨時増刊、岩波書店、一九九七年四月号）

米軍基地をめぐる沖縄と日本

2—— I・世界のなかの沖縄、沖縄のなかの日本

それぞれの戦後

沖縄が日本に返還されて、二〇〇二年で三〇年になる。これは二七年に及んだ米国の沖縄統治に匹敵する時間の長さを越した。

返還後の沖縄は、経済大国への道を歩む日本の一部になったことで目覚しい経済的豊かさを享受し、日常生活のなかにもかなり日本化が進行した。沖縄の一人当りの県民所得は全国最低の額とはいえ、ドルに換算するとOECD（経済協力開発機構）加盟国中一五位以内に確実に位置する額である。もう一方で、日本（本土）には見られない伝統文化が依然として存在し、生活習慣のなかで支えられている。政治や経済がどのように変化しても、脈々と息づく生活の根っ子にある文化の手ごたえを感じさせてくれる。一方で返還された後も変化しなかったものの一つに、米軍基地がある。日米戦争によって一九四五年三月末から六月まで、凄惨を極めた戦場となり、四人に一人の割合で沖縄の人々が犠牲（約九万四〇〇〇人）となった。このほか、戦場に投入された日米の兵士たち約一〇万七〇〇〇人が沖縄で戦死した。米軍に占領された沖縄は、本土決戦に向けた発進基地となった。日本の無条件降伏後、連合国の関心は日本占領をどのように進めるかに集中し、連合国のなかの大国である米国も、日本占領に精一杯で、沖縄占領はほとんど看過された。

戦後の沖縄は、全域が米軍の占領下に置かれた。住民の居住は、米軍によって指定された特定の区域に限定された。日本の降伏後、米軍の動員解除に伴い沖縄にいた部隊が撤退するにつれ、住民地域が拡大され、住民は戦争前の生活の場へと戻り始めた。しかし、米軍基地が存続するため元の住いが基地に奪われ、先祖代々の土地へ二度と足を踏み入れることのできない人々も生まれた。それに対し、日本（本土）では、日本が降伏した後に特定の場所を接収して駐留する連合国軍を迎えた。そのため人々の居住空間は、降伏前とほとんど変わらなかった。

この沖縄と日本（本土）における米軍との関係は、占領のとらえ方を大きく変えていった。外国軍隊のいる基地が、日本（本土）では占領する悪しき（ときには民主主義を教えてくれる良き）隣人だとすれば、沖縄ではこうした隣人以上に、自分たちの生活を根底から揺るがす存在であり続けている。

日本本土でいわゆる民主化から逆コースに転換するとき、沖縄の軍事的重要性が米国政府、特に軍部の間で注目された。そこでは、日本の占領を解くにあたり、戦力の放棄を定めた平和憲法のために、日本の防衛は不可能だと判断されたからだ。占領に終止符を打って日本と講和条約を結ぶためには、日本を防衛する米軍を沖縄に配備することで可能となる。つまり、日本本土の非武装化と沖縄の要塞化とを結びつけることが、戦後日本の国際社会への復帰の条件であった。

日米安保体制の形成

一九四九年初頭までに、沖縄の長期保有を決定した米国は、海外基地網の構築をめざして沖縄の要塞化に直ちに着手し始めた。また、朝鮮戦争の勃発によって、沖縄の軍事的重要性は高まるばかりであった。ソ連を除く連合国と日本との間で結ばれたサンフランシスコ講和条約（一九五一年九月八日署名、翌年四月二八日発効）は、第三条において沖縄を日本から切り離して、米国の施政権下に置くことを決めた。同時に、日本は米国との間で日米安保条約（一九六〇年に改定されるので、以下、一九五二年に発効したものを旧安保条約とし、改定後のものを新安保条約と呼ぶ）が結ばれた。講和条約と旧安保条約の二つの条約が一緒になって、日本の安全保障の枠組みを形成した。

講和条約は、まず米国による沖縄の要塞化を認め（第三条）、次に集団的安保条約を締結する道を開くと同時に自衛権の名の下で軍隊を持つことを認め（第五条）、そして占領軍の撤退を規定すると同時に二国ないし多国間の協定による外国軍隊の駐留を認めた。旧安保条約のなかで、日本は国連憲章でも認められる自衛権の行使として日本国内及び周辺に米軍の維持を希望し（前文）、それを受けて「極東における国際の平和と安全の維持」と「日本の安全」のために米国が米軍を配備する権利を持ち（第一条）、配備の条件を別個に結ぶ行政協定にゆだねること（第三条）などが定められた。つまり、沖縄は講和条約によって引き続き米軍占領下に置かれることになり、日本（本土）には旧安保条約によって米軍が駐留することになった。当然のこととして、旧安保条約は沖縄に適用されなかった。

講和条約と旧安保条約に幾度も登場する国連の役割は、日米安保体制との関係において、次のように規定されている。「極東における国際の平和と安全の維持」という目的は、旧安保条約だけでなく、国連に関する取り決めによって実現される仕組みになっている。

まず第一に、前記二つの条約と同じ日、日米両政府の代表によって署名された吉田・アチソン交換公文である。それは、極東における国連の活動に参加する国連加盟国の軍隊に対し日本が日本国内及びその付近において支援し、日本にある基地を使用させ、経費についても負担することを約束する内容である。ここでいう国連の活動とは、米軍を主体とする朝鮮「国連軍」をさし、国連統一司令部の指揮下にある部隊である。日本に駐留する米軍は、一方で日米間の安保条約の下で配備された部隊であると同時に、他方で国連統一司令部の指揮下の部隊になることによって、日本に駐留する地位を、状況に応じて、変更することが可能となった。

この吉田・アチソン交換公文をめぐって日米間では、サンフランシスコ講和条約あるいは旧安保条約のいずれに根拠を置くのか、後の安保改定交渉の際に対立をひき起した。日本側は同交換公文が旧安保条約に基づくとして、合意内容の実質的変更を加えようとしたのに対し、米側は同交換公文はサンフランシスコ講和条約に基づくとして、安保改定の如何にかかわらず有効だと主張した。

結局、吉田・アチソン交換公文は事前協議と抱き合わされることによって、新たな合意とはならず、引き続き有効だとされた。それは、新安保条約の五つある付属文書の一つとして両政府代表によって確認された。事前協議は、形式的には日本（本土）にある米軍基地の使用に関して、日本政府が拘束できることを意味する。

第二が、国連軍地位協定（一九五四年二月一九日署名、同年六月一一日発効）である。これは、朝鮮「国連軍」を構成する各国軍隊の日本の米軍基地使用について定めている。また、旧安保条約に基づく米軍の地位協定と同様に、国連軍に有利となる内容である。この協定によって、朝鮮「国連軍」が日本の米軍に提供する基地を使用できることになっている。現在でも、この協定は効力をもっている。

第三が、旧安保条約と国連憲章との関係に関する交換公文（一九五七年九月一四日署名）である。これは、岸・アイゼンハワー共同声明（一九五七年六月二一日）のなかで、日本における米軍の配備及び使用に関する協議・検討を行う日米安全保障委員会が設置されることに伴う措置として合意された。日米安全保障委員会は、旧安保条約に関して生じる問題を取り扱うことになっていた。この交換公文の目的は、国連統一司令部の指揮下に置かれる日本駐留の米軍を同委員会の対象から除くことにあり、「安全保障条約は、国連憲章に基づく両国政府の権利及び義務又は国際の平和及び安全を維持する国連の責任に対しては、いかなる影響も及ぼすものではなく、また、及ぼすものと解してはならない」と規定している。つまり、この交換公文によって、旧安保条約は朝鮮「国連軍」には適用されず、また日本と朝鮮「国連軍」との関係は、吉田・アチソン交換公文と国連軍地位協定に基づくこととされた。この文言はそのままの形で変更されず、現在の新安保条約第七条となっている。

沖縄の米軍

米国は沖縄を統治する理由として、極東における脅威と緊張の存在を繰り返し説明してきた。極東全体を出撃範囲とする米軍にとって、沖縄は極東をにらむ戦略的に重要な位置にあった。サンフランシスコ講和条約や岸・アイゼンハワー共同声明により、行政、立法、司法のすべての権限を手にした米軍にとって、沖縄は自由に使える基地となった。

沖縄の戦略的重要性を物語る統合参謀本部が作成した文書（一九五八年五月一日付）*がある。

＊JCS 2180/116 (29 April 1958) ; 092 Japan (12-12-50) Sec. 27 ; Records of JCS 1958, RG218 (N. A.). See FRUS, 1958-1960, Vol. XVIII, pp.29-31.

太平洋地域の戦略的支配（strategic control）を効果的に維持しなければならない米軍は、防御及び攻撃を全面的に展開できる作戦基地の確保が必要となる。沖縄の基地は緊急事態への急速な対応が可能となるだけでなく、米国からみて沖縄が外国（日本）の主権下にないため、対外関係の問題にわずらわされなくてよい。ソ連、中国、そして極東の他の共産勢力に対して、核兵器を含む世界大戦や緊張が高まる事態が起こるとき、米軍は沖縄の基地から日本政府からの拘束を受けずに自由に作戦出撃が行える。もし、沖縄が日本へ返還されると、太平洋における米国の戦略的態勢は深刻な危機に瀕するだろう。なぜなら、日本の政治状況によっては米軍の作戦部隊が基地を使えない事態を招くかもしれないからだ。つまり、米国領でない沖縄にある基地がまったく自由に使えること、そして日本にある米軍基地が作戦行動には使えない場合もあり得ること、この二つをあげて統合参謀本部は沖縄の戦略的重要性を説いた。

次に、統合参謀本部は日本にある基地と沖縄にある基地を比較して、沖縄の基地を保有する確実性を強調する。米国は、講和条約第三条に基づいて沖縄における行政、立法、司法のすべての権限をもっている。この権限を保持することは、確かに沖縄の施政権を日本に返還する要望と摩擦を生じさせる。だが、最優先されるべき安全保障の観点から、米国の行使する統治権はいかなる縮小をも許されないと強調する。一九五七年六月二一日の岸・アイゼンハワー共同声明は、沖縄に対する日本の残存主権を再確認したが、極東における脅威と緊張が存在するかぎり米国の沖縄統治を継続する必要があると指摘している。つまり、統合参謀本部は講和条約第三条と岸・アイゼンハワー共同声明を根拠にして、米国による排他的な沖縄統治の合理的理由を強調する。しかも、いずれの取り決めにも日本政府は合意しているのだ、と指摘してその正当性を高めようとする。

さらに、同文書は、沖縄へのＩＲＢＭ（中距離弾道ミサイル）の配備予定を明らかにしている。沖縄に配備する理由として、日本政府との交渉も協議を必要としない、と沖縄での軍事活動に何の制約も存在しないことを強調した。最後に、参謀本部は、近い将来に日本への核兵器の持ち込みが可能になるとは思われないので、ＩＲＢＭの配備基地としての沖縄の重要性は高まる、と述べている。

六〇年安保改定

日米の「相互依存」性を高め、「長期」にわたり「安定」する関係を構築することが、安保改定へ歩み出した当時の日米両政府の共通する認識であった。だからといって、日本に置く米軍基地の機能を犠牲にすることはできなかった。基地の自由使用と核兵器の持ち込みについて米軍は、日本政府に対し不満を抱いていた。安保改定を進めるにあたって、軍部が最も懸念したのは、改定以前よりも日本に駐留する米軍の行動が規制されることだった。新安保条約の条件は、安定的な政治・経済関係の枠組みを築き、同時に有利な条件で米軍が日本に駐留できることの二つが両立することであった。

新安保条約の正式な名称である「日米相互協力及び安全保障条約」はその名が示すように、「相互」「協力」「同盟」の三つがキーワードとなっている。同条件の日本名称では、「相互」は「協力」のみを修飾する印象を与えているが、当時の米政府の解釈は「相互協力」であり「相互安全保障」だとされていた。後者の「相互安全保障」が日本側で問題とされたのは、集団的自衛権の行使を認めないとする憲法解釈にふれるからであった。

新安保条約は、「対等なパートナーシップ」に基づく日米関係のスタートだと両政府は強調した。その後の日米関係は、政治的にも経済的にも一層深まっていった。それでは新安保条約のもう一つの必要条件であった米軍の基地の使用はどうなったのだろうか。問題は、極東の安全に日本の米軍基地が使えるのか、否かにあった。新安保条約は、軍事的な側面での、「事前協議」制を取り入れている。日本は、米軍に基地を提供する義務を負う代わりに、「事前協議」制を通して米軍の活動に関与する権利をもつことによって、日米の「相互」性を保つことにした。日米両政府は、「事前協議」制の導入によって米軍の基地使用を規制できることにより、日本と米国との間での「対等」性を実現したと強調した。

「事前協議」の対象は、「米軍の配置の変更」「核兵器を含む装備の変更」「戦闘行動への直接出撃」の三つとされた。しかし「事前協議」によって、とりわけ、核兵器の持ち込みと日本の米軍基地から朝鮮半島への出撃の二つの点で支障があるのではないかということが、米軍の不安感を煽っていた。最新の研究*によれば、「事前協議」と朝鮮有事の際の日本の米軍基地の使用との関係に関する何らかの秘密の日米合意が存在することが明らかにされている。この秘密合意は、先に見た吉田・アチソン交換公文とそれにつながる一連の取り決めの再確認の上にできあがっている。

*坂元一哉「日米安保事前協議の成立をめぐる疑問――朝鮮半島有事の場合」『阪大法学』第四六巻四号、

一九九六年一〇月、一二一―一四九ページ。石井修「解題」『アメリカ合衆国対日政策文書集成――日米外交防衛問題　一九五九―一九六〇年』第九巻、柏書房、一九九六年、一〇―一六ページ。拙稿「朝鮮半島有事と日米安保」『安保「再定義」と沖縄』緑風出版、一九九七年＝本書収録。

一九六〇年の新安保条約以後も、米国の沖縄統治は継続した。一九六五年二月に沖縄の米海兵隊がベトナム・ダナンへ送られて以降、沖縄の米軍基地は、補給・兵站《へいたん》基地としてだけではなく、ジャングル戦の訓練基地、ベトナムからの帰休兵を受け入れる慰安の場として、その軍事的価値を発揮した。一九七二年に沖縄の施政権返還が行われて、沖縄の米軍基地は、新安保条約の下に置かれた。これまでの研究によれば、核の持ち込みと自由使用を享受してきた沖縄の米軍基地について、一九七二年の沖縄返還の際、核の再持ち込みと限りない自由使用が日米両政府の間で合意されていると考えられている。しかも、沖縄の三つの米軍基地（嘉手納空軍基地、普天間海兵隊航空基地、ホワイト・ビーチ海軍基地）について、返還直後に日本政府は国連軍地位協定第五条第二項（国連軍は米軍に提供された基地を使用できる）適用を閣議決定した。

つまり、一方で吉田・アチソン交換公文以後の一連の国連軍に関する公開されている取り決め、他方で朝鮮有事の際の事前協議の適用除外と沖縄返還に際しての核兵器の再持ち込みに関する秘密の合意、などによって極東における日米安保体制が機能しているといえるだろう。

沖縄の基地問題の行方

米軍基地を軸に沖縄と日本（本土）を見ると、日本の安全保障が極東の安全と切り離せないように、日米安保が沖縄の米軍基地の存在なくして成立しない構造をもっている。

この構造のため、沖縄では基地が問題となり、人々の怒りと不満が爆発する。日本（本土）においては、ふだんは自らの安全に無頓着であるが、沖縄の不満や怒りの声が届くと沖縄の過重な基地負担に同情する態度が大勢を占める。しばらくすると、他の都道府県には見られない沖縄への高率の財政支援に対し、時折、「沖縄を甘やかすな」という声が囁《ささや》かれるようになる。政府の一地方への不平等な扱いに対する不満は、不平等な基地負担がある限り間欠的に噴出するだろう。

以上述べたように、日本の安全保障のあり方に敏感であれば、沖縄で惹起する基地問題は日米安保体制を揺るがすだけに、その対応には冷静かつ慎重さが求められていることに気付くだろう。その意味で、基地に対する沖縄の人々の反対は、それだけで日本政府にとっての政治的危機を作り出す条件を揃えている。もし、こうした声に真剣にこたえようとすると、「極東における安全保障」への視点の根本的転換を行う必要がある。沖縄も日本も米国も、二一世紀を見据えた東アジアの安全保障構想をいまだもちあわせていないように思われる。

朝鮮半島情勢は、依然として、軍事的対立下にある。そのため、沖縄の米海兵隊が不可欠だという。海兵隊は、朝鮮半島だけではなく東アジア、東南アジアの緊急事態に備えているのだから、朝鮮半島情勢が安定化したからといって削減できないと軍事専門家が主張する。だが、南北の緊張が低下するとき、沖縄の海兵隊の撤退だけではなく、日米安保体制の構造変化が顕在化する。

（初出＝「NIRA政策研究」VOL.10, NO.4, 総合開発研究機構、一九九七年）

沖縄「買い戻し」の密約

——「思いやり予算」のルーツを暴く

3—— I・世界のなかの沖縄、沖縄のなかの日本

【序幕】外務省公電漏洩事件

一九七二年四月四日、警視庁は西山太吉・毎日新聞記者（外務省担当）と蓮見喜久子・外務省元事務官を国家公務員法違反で逮捕した。四月一五日に西山記者と蓮見事務官は起訴され、一〇月一四日の東京地裁刑事七部での初公判以後、その審理過程において日米両政府間の「密約」が半ば国民の知るところとなった。

「密約」疑惑とは、沖縄の施政権返還をめぐる日米交渉に際して、国民に何ら知らせないままに日本政府が米国に四〇〇万ドルを支出するという取り決めが存在していたことをさす。

二人の逮捕によって「密約」が明らかになったというより、前年一二月の衆議院連合審査委員会と同年三月の衆議院予算委員会での野党議員の質問により、米政府が支払うことになっていた対米請求に基づく補償費を日本政府が肩代わりするという「密約」への疑惑が広まった。その根拠となる極秘扱い外務省公文書が、野党議員により資料として国会に提出された（文書にある決裁印の欄が残されたまま）ため、どのような経路でその文書が外に持ち出されたかが明らかとなったのである。

その結果、外務省の公電を「入手」した西山記者が「秘密を漏らすようそそのかす罪」（国家公務員法第一一一条）、それを外務省から持ち出した蓮見元事務官が「秘密を漏らした罪」（国家公務員法第一〇九条）によって、それぞれ起訴されたのであった。

この事件の審理をつぶさに傍聴し、事件の真相に迫ろうとする一冊の本がある。澤地久枝著『密約——

外務省機密漏洩事件』によれば、審理の行方は、当初、西山記者の弁護団の主張する「国民の知る権利」と「国家機密」を軸に取材の自由をめぐって論戦が展開したが、後半に入ると検察側は西山記者と蓮見事務官のプライベートな関係に絞り、事件を男女関係に収束させていったという。七四年一月三一日の東京地裁判決は、西山記者は無罪、蓮見元事務官は懲役六月、執行猶予一年であった（同日付で西山記者は毎日新聞を退職した）。

その後、東京地検は西山元記者への無罪判決を不服として東京高裁に控訴した。七五年一一月一三日の第一回公判から七回の公判を経て、七六年七月二〇日、東京高裁は一審判決をくつがえし、西山元記者に懲役四月、執行猶予一年の有罪判決を下した。それに対し、西山元記者は最高裁へ上告したが、最高裁第一小法廷は一度の公判も開くことなく、上告棄却を命じた。「密約」裁判は、日本政府が取り交わした「密約」ではなく、男女関係による秘密漏洩にのみ判断を下して幕を閉じたのである。

日本政府が肩代わりしたとの疑惑をもたれた「補償費」とは、沖縄返還協定の第四条にかかわる。サンフランシスコ講和条約第一九条で日本が対米請求権を放棄したのと同様に、沖縄返還協定第四条第一項で沖縄についても放棄することとした。だが、同第四条第三項は、講和前の米軍などが起こした人身事故と土地の復元補償のうち、米国が沖縄統治中すでに行っていた補償から漏れた分について、米国が「自発的」に支払うことを規定していた。

毎日新聞社が当時の裁判記録をまとめた「沖縄密約漏洩事件裁判記録」によれば、西山記者の弁護団が存在を主張した「密約」は、表向きは米国がその補償費を支出する形をとっているが、実際には米国に設立される信託基金に日本政府が四〇〇万ドル支払うと約束したことであった。したがって西山記者の弁護団は、その四〇〇万ドルが返還協定第七条で約束する対米支払金額三億二〇〇〇万ドルに含まれていたことを明らかにしようとした。

しかし、沖縄返還交渉のなかで、日本が支払って米国が得た財政的利益は、この四〇〇万ドルだけであったのか。最近入手した米政府公文書を手がかりに検証する。

【第一幕】米国政府の「沖縄返還戦略」

六九年一月に誕生したニクソン政権は、沖縄返還への合意に向かって動いていくさなかの同年五月二八日に、重要な決定を行った。それは「国家安全保障決定メモランダム第一三号」と称される文書に記されている。

それによると、ニクソン大統領は、パートナーとしての日本との関係強化、日米安保条約の継続、日本にある米軍基地機能を維持しつつ摩擦の削減、日本の防衛力強化の適度な促進、そして沖縄返還に向けての戦略を構築するよう命じた。沖縄返還については、①基地使用の細部で合意すれば七二年返還を了解すること、②韓国・台湾・ベトナムへの基地の最大限の自由使用を求めること、③他の分野での満足できる交渉結果を得たうえで、緊急時の核の再持ち込み・通過権を条件に交渉の最終段階で大統領が核撤去を決めること、④他のコミットメントを求める、などの四点を決めていた。

つまり沖縄返還に合意する条件は、基地の「自由使用」であり、「他の分野」での満足できる結果と日

沖縄返還に伴う日米財政取り決め

日本側発表	費　目	米公文書
1億7500万	米資産引き継ぎ	1億7500万
7000万	核の撤去費	500万
	VOA移転費	1600万
	請求補償費(感謝費)	400万
7500万	労働コスト増大分	6200万
	使途非公表の支出	5800万
3億2000万	小　計	3億2000万

(単位：ドル)

公表されなかった財政取り決め

施設改善費	6500万
労務管理費	1000万
円交換に伴う預け入れ	1億1200万
琉球銀行株買い取り	300万
小　計	1億9000万
合　計	5億1000万

(単位：ドル)

本の「コミットメント」などを獲得することであった。

同年七月三日に承認された「沖縄返還に向けての戦略」文書は、沖縄返還に際しての米国の二つの目標を明らかにしている。一つは、核および非核兵器を含む「軍事権」、つまり緊急時の核の再持ち込みと基地の最大限の自由使用を獲得することであった。もう一つは、日本による財政および防衛負担の肩代わりである。ここで取り上げようとする沖縄返還に伴う日米両政府の「財政取り決め」は、返還そのものを左右する分野であった。

ベトナム戦争中からジョンソン政権は、国際収支が悪化する米国経済を立て直すために、米国が維持する安全保障秩序のなかで経済的に豊かになっていく日本に対し、後にバードン・シェアリングとして知られることになる相応の負担を要求していた。佐藤政権の要望に応えて、当時米国の保有の下にあった沖縄を返還するのだから、米政府に財政負担をいっさいかけることなく返還に伴う財政負担を日本側が負うべきだとする声は、米政府内で根拠のある主張として理解されていた。

【第二幕】福田・ケネディ交渉

財政負担の取り決めについての最初の日米交渉は、六九年九月二七日・二八日の両日に、米国バージニア州において当時の福田赳夫蔵相とデービット・ケネディ財務長官の間で始まった。福田は、一一月に予定されていた佐藤・ニクソン共同声明より以前に、沖縄返還に伴う財政取り決めについて日米間で話し合われたことを秘密にしてほしいと依頼し、この件を知っているのは佐藤栄作首相と愛知揆一外相だけであると述べている。

ケネディは、①米国が沖縄に投資した資産を回収したいこと、②沖縄で流通している米ドルを日本円に交換した後に、これらの米ドルが米国の対外収支へ影響を及ぼさないようにする措置をとること、③返還に伴って生じる財政負担を全面的に負いたくないこと、④返還後には日本政府の財政負担を定める地位協定を沖縄へ適用すること、などを福田に伝えた。

そして佐藤・ニクソン会談において、佐藤首相もニクソン大統領も、沖縄返還に関連して解決すべき財政面での問題があることを認識していることを確認して、必要な話し合いを早急に開始することに日米間が合意した。

ちなみに、福田は大蔵省の事前の了解なく日本政府の誰とも財政面の問題について話し合わないよう、米側にくぎをさした。つまり、外務省ではなく、大蔵省、しかも柏木雄介財務官ら福田に同行する少数の者だけで財政取り決め交渉を進めようとしていた。柏木は、財政取り決めに関する日本側の交渉者としてその後もかかわった。

福田・ケネディ会談に基づいて、東京において財政面に関する日米交渉が開始した。当初、一括払い(lump sumpayment)を要求する米側と、積算根拠を主張する日本側との間での進展は乏しかった。一一月一九日から予定されている佐藤・ニクソン会談が近づくにつれて、財政に関する交渉は大詰めを迎えようとしていた。

一一月四日、東京の米大使館へ送られた財政・経済面における取り決め(国務、財務、国防の三省の了解を得て)についての米側公電は、それまでの交渉過程と米国の目標を記している。それによると、一括払いの考え方は、共同コミュニケに財政取り決めを織り込む際に都合がよく、しかも米政府の予算上の節約を得るうえでも大切だと強調されている。そこで、日本側に対し、次のような対案を出すよう指示している。民生用・共同使用資産として一億八五〇〇万ドル、社会保障費(沖縄の米軍基地で働く軍雇用員に支払われる)として三〇〇〇万ドル、返還に伴う基地の移転(沖縄内および沖縄外)および他のコストとして二億ドル、そして通貨交換として一億一二〇〇万ドルなど合計五億二七〇〇万ドルの財政取り決めを主張せよ、という。この金額以外に、米政府は琉球銀行の株式および石油・油脂施設の売却益として一五〇〇万ドルを得ると述べる。さらに、地位協定に基づいて軍用地料(第二四条第二項)および労務管理費(第一二条第四項)について日本政府が負担するので、五年間に米側が節約する分の合計は一億五〇〇〇万ドルになるという。また、総額では六億九二〇〇万ドルに達する財政取り決めになるという。

この公電は、交渉を担うアンソニー・ジューリック財務長官特別補佐官に対し、交渉における妥協の範囲を指示している。具体的に述べると、民生用・共同使用資産は一億五〇〇〇万ドル、通貨交換については五〇〇〇万ドルを妥協下限としつつも、基地移転費等について二億ドルを獲得するよう指示した。二億ドルの支払い方法は返還後五年にわたり、米ドルか日本円のどちらでもよいとした。ただし、地位協定で定められている権利や義務に影響を及ぼさないこととしていた。五年にわたる支払いで合意に達しない場合、二億ドルのなかから米軍の要望する基地を日本政府負担で建設し、残った金額を現金あるいは米政府の希望する方法で支払うことにしていた。

通貨交換後の米ドルについては、無利子で少なくとも一五年間にわたり米連邦銀行に預金することとしていた。また、返還時における基地従業員にかかる年金、社会保障費などは日本政府が全額負担することにしていた。

【第三幕】柏木・ジューリック会談

東京の米大使館は、こうした財政面での米国の交渉姿勢は返還交渉全体に深刻な問題を投げかけるのではないかと懸念していた。とりわけ、大蔵省は国会での予算審議にたえうる条件、金額でなければならないとして米国の要求に抵抗していた。

そのころ、返還交渉は、核兵器の撤去と財政取り決めの二つにおいて暗礁に乗り上げていた。

柏木・ジューリック会談はほぼ連日のように行われ、一一月一〇日に合意に達した。合意した結果は、ワシントンからの指示をほぼ実現する額となった。すなわち、民生用・共同使用資産買い取りに一億七五

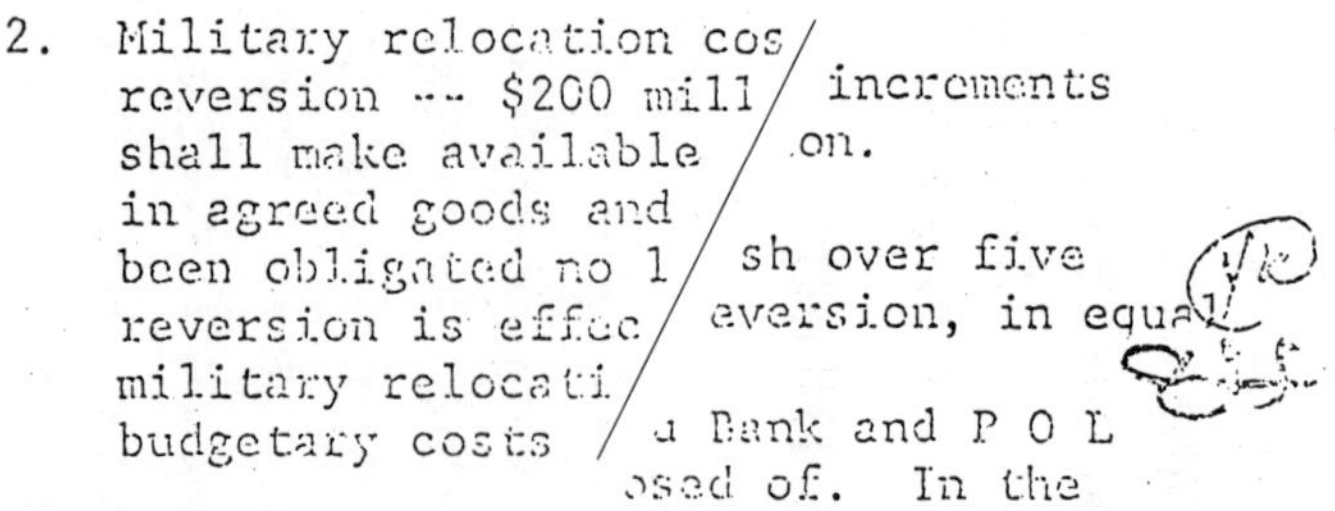
2. Military relocation cos / increments
reversion -- $200 mill / on.
shall make available
in agreed goods and
been obligated no l / sh over five
reversion is effec / eversion, in equa
military relocati
budgetary costs / a Bank and P O L
osed of. In the

沖縄返還交渉の1969年12月２日付「秘密覚書」。当時の柏木雄介大蔵省財務官とジューリック米財務長官特別補佐官がイニシャルで署名している。

○○万ドル、沖縄の基地従業員の社会保障費等に三三〇〇万ドル、基地移転費およびその他の費用に二億ドル、そして通貨交換後の預金に一億一二〇〇万ドルで、合計で五億二〇〇〇万ドルとなった。そして、この合意を確認する手続きもあわせて話し合われ、一二日に福田が口頭で了解覚書を読み上げ、佐藤・ニクソン会談の数週間後に、書面で柏木が確認することとされた。

実際には、財政取り決めに関するまったく同一の内容の了解覚書を日米双方が手にして、福田がそれを読み上げて日本政府の確認とした。そして、佐藤・ニクソン共同声明が出された後、別件でワシントンへ出かけた柏木が一二月二日にジューリックと会って、その覚書にイニシャルで署名した。

この覚書は、これまでの沖縄返還交渉の研究ではまったく言及されたことのなかった新しい事実である。

沖縄返還を政権の課題とする佐藤にとって、佐藤・ニクソン共同声明以前に財政取り決めに合意したことを隠したのは、「沖縄を買い戻した」という印象を国内でもたれることを避けたかったからである。それだけにとどまらず、自民党内部の派閥争いのなかで、沖縄返還という佐藤の獲得する政治的果実に傷をつけたくないという配慮が働いたのだろう。さらには、国会での予算審議でこうした対米支払いを説明できないため秘密にしなければならなかったのであった。

この了解覚書については、米大使館がコメントをつけている。それによると、①民生用・共同使用資産買い取りについて、事前に分割されて売却されても総額に変更はないこと、②二億ドルにのぼる基地移転およびその他の費用は、七〇年から七年にわたり、物品と役務でもって支払われること、③沖縄外への移転は核兵器の撤去（五〇〇〇万ドル）を意味することを日本政府は知っていること、④沖縄で流通している米ドルの額いかんにかかわらず最低六〇〇〇万ドルを二五年無利子で預金する、⑤その結果、米政府の節約分は一億一二〇〇万ドルとなる、⑥三三〇〇万ドルは、沖縄の基地従業員の社会保障費に要する妥当な金額であり、米政府にはまったく負担をかけないであろう、などが記されていた。

だが、この合意された金額は、はたしてそのとおりの使途であったのだろうか。

福田・ケネディ会談において米側が指摘したように、米国は沖縄に投資したお金を回収する目標を掲げている。その金額の根拠となったのが、日本の買い取る資産であり、また基地移転およびその他の費用であった。前者は目に見える道路、水道、電力施設であるので、日米双方にとって買い取りの理由がわかりやすかった。予算を支出する日本政府にとっては、こうしたインフラ買い取りは国会での説明の際に都合がよかった。

それに対し、後者の基地移転およびその他の費用は、米国からすると、米政府が投資して建設した基地のもつ残存資産の評価額であった。つまり、基地の提供は日本政府の財政負担において行われるはずなのに、すでに沖縄では米政府の負担で建設した基地を、返還後は日本政府の提供する基地として使用するわけで、沖縄に投下した米国の財政実績がまったく評価されないことになる。とはいえ、日本本土では米国が建設した基地に対して、日本政府がその財政負担分を支払ったことはないので、沖縄の米軍基地について日本政府の支払いを要求することはできない。

そこで考えだされたのが、沖縄返還に伴う基地移転の費用（別の表現をすれば、返還に伴い日本の要求によって返還する基地の補償費）であった。移転は基地が削減されることであるので、日本政府が支払う合理的理由となりうるだけでなく、米国にとっては費用の増額要求が可能となるので、米国の財政的要求を満たすことができると考えられた。そして「その他の費用」名目を加えたのは、将来にわたって沖縄だけでなく日本本土にある基地の改善、修理、維持のためにも使用できるようにするためであった。

【第四幕】「施設提供」の拡大解釈

地位協定第二四条は、在日米軍基地の経費負担について次のように定めている。同条第一項において「米軍の維持に伴なう全ての経費」は米国が負担する。第二項において「施設及び区域並びに路線権（飛行場及び港における施設及び区域のように共同に使用される施設及び区域を含む）」を日本の負担で提供し、そしてこれらの借り上げ料と補償費なども日本が負担する、と。

在日米軍や沖縄の高等弁務官の上級司令部にあたる米太平洋陸軍司令部は、地位協定第二四条第二項でいう「施設提供」とは日本政府の財政負担の下で行われるものと理解し、同項を代替施設についても拡大して適用すべきだと考えていた。

その当時、日本本土では板付飛行場（現福岡空港）の返還（全面返還ではなく、米軍が使用する基地から日本政府が管理し米軍が一定条件で使用する基地への移行）、王子病院、富岡および追浜の補給基地の一部、横浜市内の陸軍調達事務所、キャンプ・ドレイク南部、岸根の陸軍病院、新倉の倉庫、立川基地の空軍施設などの返還が計画されていた。そして、これらの返還に伴う代替施設の建設を日本側に要求することも検討されていた。このため、代替施設の建設を沖縄返還の財政取り決めのなかに織り込むことで、在日米軍経費への米政府の財政負担の軽減化を図ろうとしていたのであった。

例えば、沖縄返還に際して牧港住宅地区（那覇市北部に位置し、現天久再開発地区）を返還する際に、その代替の住宅建設は、返還に伴う移転費の二億ドルではなく、第二四条によって支出されることとなる。沖縄返還に伴う基地移転費等については、米政府は第二四条第二項とは別個に位置づけていた。基地移転費およびその他の費用としての「二億ドル」について、米政府、とりわけ国防省は、柏木・ジューリックの了解覚書において何らの積算根拠を示していないのだから、その使途について米国が自由に決めることができると判断していた。米軍の理解によると、沖縄返還に伴う基地移転費とその他の費用なのだから、施設建設費だけに支出する第二四条第二項に縛られないようにすべきだと考えていた。つまり、この二億ドルを沖縄だけでなく日本本土の米軍基地の施設改善、修繕以外に、軍人軍属の家族住宅・宿舎建設に加え、基地従業員の給与上昇に伴う負担分、電気・水道・電話などの維持経費にも充てようとしていたのである。しかも、この二億ドルは七二年から七七年までをカバーする費用だと考えられていた。

この費用をめぐって、米国は、その使途と名目を使い分けて交渉にのぞんでいた。

七〇年五月一三日付の「返還に伴なう米軍の移転及びその他の費用に関する日本の補償」と題する財政面における交渉の一般方針が、国務省から米大使館あてに送られた。それによると、二億ドルの名目は日本政府が国会での説明に必要であるので、そのための必要なリストの作成を国防省に準備するよう命じた。日本政府が物品と役務で支払う二億ドルについては、建設を含む基地移転費以外に基地内の改善・修理、住宅建設、労働、水、電気などにも充てることができるようにすること、などを指示していた。

米軍の提供するデータによって移転費の内訳が明確になるにつれ、残りの改善・修理費などの金額として六五〇〇万ドルが現れてきた。那覇空港の返還のための移転費（二〇〇〇万ドル見積もり）については米側が「二億ドルの枠外での支出」を主張し、反対する日本との間で交渉が難航したが、米側が妥協して二億ドルの枠内とすることで決着した。

【終幕】愛知外相が「了解します」

こうした秘密交渉を経て、七一年六月九日にパリで、愛知外相とロジャース国務長官との間で沖縄返還協定の最終段階の詰めが行われた。そして、六月一七日には、東京とワシントンとを衛星中継で結んで、返還協定の調印式が行われる。

そのパリ会談において、ロジャースは地位協定第二四条の「リベラルな（ゆるやかな）」解釈を愛知に求めた。それは、前の晩に行われた事務方による詰めの作業において、日本負担による基地の改善・維持経費の容認を交渉記録にとどめることに、日本側（吉野アメリカ局長、栗山条約課長ら）が抵抗していたからだ。その理由として日本側は、この経費が第二四条に抵触する合意であることに大蔵省が反対するだろうし、また漏洩した際の危険の大きさをあげている。このやりとりを受けてのロジャース発言であった。それに対し、愛知は「了解します」と述べ、そして部下の反対を抑えて「責任をもって」と答えた。

この二四条の「リベラルな」解釈による日本政府の基地改善・維持費の負担は、七七年まで続くことになる。

七七年を会計年度で表現すると、日本では七七年四月から七八年三月まで、あるいは米国では七七年一〇月から七八年九月までとなるが、日本人基地従業員の労務費の一部として六二億を日本政府が負担したのが七八年度からであった。また新規の施設整備費として一四〇億円を日本政府が負担したのが七九年度からであった。後者は、地位協定では日本政府が負担する根拠がないので「思いやり予算」と称されて、現在までいたっている。

沖縄返還の際の財政取り決め、とりわけ基地移転費は、その後の日米防衛協力の柱の一つである「思いやり予算」のスタートであったといえる。沖縄返還に際して、日本政府の要望によって「密約」とされたこの財政取り決めは、現在の日米安全保障関係の枠組みを形成したのである。

米軍沖縄返還交渉チーム（USMILRONT）が作成した七二年六月一五日付の文書によれば、沖縄返還の財政取り決めについて、次のように記している。総額で五億一〇〇〇万ドル。内訳として、民生用資産の買い取り費一億七五〇〇万ドル、増大する労務費六二〇〇万ドル、核兵器撤去費五〇〇〇万ドル、ヴォイス・オブ・アメリカ（VOA）の撤去費一六〇〇万ドル、請求補償費（感謝費）四〇〇〇万ドル、使途を明らかにしない支出が五八〇〇万ドル、合計三億二〇〇〇万ドル。次に、物品・役務にて施設改善費として六五〇〇万ドル。さらに、労務管理費として一〇〇〇万ドルの米政府の節約。通貨交換後の米ドル一億一二〇〇万ドルを、二五年無利子で米連邦銀行へ預金。琉球銀行の株式売却益として三〇〇万ドル。ここでいう請求補償費は、米政府が支払うものとするが、その資金四〇〇万ドルは日本政府が提供することとされた。

一方、日本政府は三億二〇〇〇万ドルの内訳を次のように説明した。民生用資産買い取りに一億七五〇〇万ドル、核兵器撤去費用に七〇〇〇万ドル、労務関係費に七五〇〇万ドルと。民生用資産買い取りを除けば、日本政府はまったく違う数字でもって国民に語っていたことになる。

冒頭に述べた「機密漏洩」裁判で疑惑とされた「密約」の四〇〇万ドルは、三億二〇〇〇万ドルに含まれて存在していた。しかし、日本側はそれ以外に、地位協定第二四条第二項をねじ曲げて六五〇〇万ドルの施設改善費を支払い、さらに、沖縄で流通していた米ドルを通貨交換後に米連邦銀行に無利子で預金したのだった。

沖縄返還に伴うこうした財政取り決めのすべてが、国民の目から届かぬ秘密とされてきたのである。

いま沖縄では、普天間基地を名護市のキャンプ・シュワブ沖へ移設する計画をめぐって日本政府と沖縄県が対立しているが、米会計検査局（GAO）の報告書は、海上基地には二四億〜四九億ドルの建設費がかかると指摘している。日本の九八年度防衛費は三五八億ドル（約五兆円）だから、建設費の大きさがうかがえる。同報告書はまた、建設費は日本側の負担を当然視し、さらに維持費をも日本の負担とすべしとの軍内部の声を紹介している。ここにも沖縄返還時の財政取り決めの流れは及んでいるといってよいのではないか。さらに、海上基地の寿命を四〇年と見ても、維持費で日本は年に二億ドルの負担増であり、普天間基地の年間維持費の七一倍にのぼる。それは国民の税金でまかなわれることを忘れてはならない。

（初出＝「論座」朝日新聞社、一九九八年一〇月号）

朝鮮半島有事と日米安保

事前協議の空洞化

4――Ⅱ・世界のなかの沖縄

はじめに

一九九六年四月の日米安全保障共同宣言に基づく日米安保体制の具体的な姿が、ガイドライン関連法の国会審議の過程のなかで、明らかになった。これまで日米安保のはたす役割の範囲とされてきた「日本」および「極東」から、よりあいまいな「日本周辺地域（areas surrounding Japan）」へと拡大されて、日米の軍事協力の緊密化が両政府間で進行した。

今回、ガイドライン関連の目玉となった周辺事態法において登場した「日本周辺」という表現と類似する表現は、これまでにも存在している。一九五二年の旧安保条約では、その適用範囲が「日本国内及びその附近（in and about Japan）」とされていた。「日本」という表現は同一だが、「附近」が一九六〇年に改定された現行の安保条約における「極東」を経て、今回の「周辺」へと変更された。このことは、日米の安全保障関係の過去四〇年余の歴史的変化と、同時にこれからの方向を物語る象徴的変化である。

一九七八年以降、①旧極東ソ連軍が北海道へ侵攻する場合、②朝鮮半島の有事が日本に波及する場合、③中東などに起った有事が日本に波及する場合、という三種類の事態を想定した日米共同の作戦計画づくりが、自衛隊と在日米軍との間で進められてきた。

『朝日新聞』の報道*によれば、北海道侵攻を想定した作戦計画（一九八一年完成）、中東などの有事の日本への波及を想定した作戦計画（一九九五年完成）ができあがったが、朝鮮半島有事の際の作戦計画は「日本側の情勢が熟していないこと」から頓挫した、という。さらに同紙によれば**、防衛庁・統合幕僚会議（統幕）内において、一九九六年二月、自衛隊による朝鮮有事の際の米軍支援に関する研究が完成した。

＊「日米安保、第二部、共同作戦、一―五」『朝日新聞』一九九六年九月二日―九月六日付け。

＊＊「日米安保、第三部、有事研究」『朝日新聞』一九九六年九月一五日―九月一七日付け。

だが、これらの作戦計画、研究に関する報道には、米軍が日本に核兵器を持ち込み、貯蔵し、配備することについて日本政府はどうするのか、記述はない。また、これらの報道には、こうした計画、研究以前における朝鮮有事に際して日本がとる米軍への支援、あるいは戦闘作戦などについての研究あるいは作戦計画、さらには米軍がとる作戦計画のなかで在日米軍基地の担う役割についての紹介はなかった。

これまで日本政府は、「国際法上、集団的自衛権を有するが、憲法上その行使はゆるされない」という解釈をとってきている。同時に、米軍に対する支援が集団的自衛権の行使にあたるのかどうかについては、「武力行使と一体」であるかどうかに判断の基準を置いてきた。朝鮮半島有事の際の日米共同作戦は、憲法上許されない「武力行使と一体」となる可能性がきわめて高い領域にあるため、日本の国内政治の争点となる側面をもつ。それだけに、朝鮮有事に際して日本はどのような対処（日本国内の米軍基地、自衛隊基地の使用にとどまらず、民間施設の利用から直接戦闘への参加までの広範囲にわたる）を取るのかの研究に着手することさえ、国内政治の情勢変化を待たねばならなかった。では、朝鮮有事に際して、現在進行するような日本からの「積極的」な支援を得ることのできなかった米軍にとって、最小限必要とする日本の協力とは何であったのだろうか。

ここでは、日米安保条約の範囲とされてきた「その（日本）附近」、「極東」、そして現在における「日本周辺」の重要な部分を占め続ける朝鮮半島と日米安保の役割との関係について、一九九四年から一九九六年夏にかけて、米国で公開された米政府の公文書をもとに検証する。なぜ朝鮮半島なのかというと、この地域は紛争の起こる可能性が高いという意味で旧日米安保条約調印時から現在まで、日本自身の安全と日米関係にとって最も大きな位置を占めてきたし、少なくとも近い将来にわたり占め続けるからである。

これらの検証を行うとき、朝鮮半島と日米安保をむすぶメカニズムのなかで、沖縄におかれた米軍基地の役割が浮かび上がる。そしてこうした検証を通して、七二年の施政権返還によって日米安保体制の内部に沖縄が組み込まれていく過程を明らかにできる。このことは、「核の傘」を現実のものとする核兵器の持ち込みと、朝鮮半島を含む日本周辺地域での紛争に自由に対応できる在日米軍基地として在沖米軍基地を日米の安保体制内に確保することを意味する。つまり、沖縄の施政権返還は、在沖米軍基地が日米安保体制を「外側から支える」ことから「内側から支える」ことへの変更であった。この「外側」と「内側」を区別するのが事前協議である。現在のところ、米政府の公文書は、一九六〇年代半ばのものまでが公開可能な状況にあるので、裏付ける史料が断片的にならざるをえない。それを承知しながらも、本稿において公開されているいくつかの公文書をつなげることで日米安保がどのように運用されてきたのかについて再構成する。

そもそも占領下にあった日本が、戦後国際秩序に復帰する（サンフランシスコ講和条約の発効による）に際して締結されたサンフランシスコ講和条約と、同日に調印されて一九五二年に発効した旧日米安保条約の適用範囲がきわめて限定的であったのは、当時の日米それぞれの国際秩序における役割、影響力、能力、意志を反映していた。まさに、この旧日米安保のはたすべき機能は、東西対立という国際秩序のなかにおいて日本が占めようとする位置を決定することにあった。そして、当時まだ戦いの続く朝鮮半島にその照準が合わされていた。その意味で条約の適用範囲の決定は、日本から見ると、日本自身による国際秩序のなかの日本の位置づけと重なり合い、またそのこと自体が日本の国内政治の主要な争点でもあった。米国からすると、旧安保条約は日本に米軍基地を存続するという具体的な軍事的な利益と、日本防衛についての米国の明白なコミットメントを与えないという政治的利益をもっていた。つまり、「日本国内及びその附近」という条約の適用範囲は、これらの軍事的利益と政治的利益を両立させる役割をもっていた。

現行の日米安保条約は、その条約の適用範囲を「日本国内及びその附近」から「日本」および「極東」の範囲へと拡大した。なぜ現行の日米安保条約に「極東」が登場したのかといえば、日米安保の範囲に一定的な拡大を求めた米側と日米同盟強化の与える国内政治への影響を考慮する日本側との間で妥協点が必要であったからである。つまり、西太平洋を含めた日本の防衛（協力）範囲を求める米側と、集団的自衛権の憲法解釈を盾に日本の防衛範囲を拡大できない日本側の、いずれにも都合のよい表現として「極東」が登場したのだった。

そして、米側にとって日米安保条約の「読み」には、交渉の時点から日本の国内政治の変化によって「極東」の範囲が変幻することが包み込まれていた。現行の安保条約が結ばれてから三六年後の現在、日米安保の範囲がアジア・太平洋に拡大される背景には、まさに自民党長期政権の崩壊、社会党による自衛隊合意、安保容認、そして明確な対立軸を欠いたままの政界再編などにみられる日本の国内情勢の変化にあることは、指摘するまでもないだろう。その意味で、日本の安全保障が長期的な視野のなかで構想されてきたのか、疑問とならざるをえない。これまでの日本の安全保障政策を再検討することを通じて、「歴史の教訓」を学び取る必要があるだろう。

在日米軍基地の役割

米国にとって在日米軍基地とは何かについて、要約的に示している文書が手元にある。それは、一九六二年一二月七日に作成された、米国統合参謀本部から国防長官宛のメモランダム*である。そのなかで統合参謀本部は、平時、準制限戦争、制限戦争、そして一般戦争における在日米軍基地の役割に関する見解を述べている。その背景として、日本との国際収支の赤字が累積してきたため、当時のケネディ政権内部において在日米軍経費の削減可能性が検討されていたことを指摘できる。

*"Memorandum for the Secretary of Defense, Subject: US Bases in Japan", 7 December 1962; US Bases Abroad (Misc.); Deputy Under Secretary for Political Affairs, Correspondence Concerning the Establishment and Defense of U. S. Military and Naval Bases Abroad, 1957-1963, Box 2, Records of State Department, RG 59; National Archives, Washigton, D.C.

まず、在日米軍基地の主要な役割について、統合参謀本部はつぎの七点を考えていた。①韓国に対する米国の姿勢を支えるための必要性と、西太平洋における兵力の緊急な戦術的展開を容易にすることから、極東における米国の抑止力の維持に不可欠である、②極東全域への主要な兵站支援と修理のための重要施設であり、この地域においてこれらを代替できる基地は他にない、③指揮・命令のためのコミュニケーションと同様に、不可欠な情報収集および報告のための施設と機会を提供している、④北東アジアにおけるSIOP（Single Integrated Operational Plan：単一統合作戦計画）体制を維持・支援するための施設である、⑤核による第一次攻撃後における核の残存能力を高める貯蔵基地、発射基地の拡散配備に役立っている、⑥ソ連による核攻撃対象を複雑化させる、⑦日米の政治的、経済的、軍事的関係の維持・改善に際して重要な結びつきをはたす。

つぎに、日本から撤退すると蒙るであろう不利益をあげている。①前方展開を削減すれば、同盟国や非同盟中立諸国からの信頼が低下する、②日本における中立主義者たちや世界規模の共産主義活動の勝利と受け止められ、海外の米軍基地や同盟国に悪影響を与える、③兵力の拡散配備が失われる、④北東アジアにおける軍事作戦能力、とりわけ緊急事態への対応能力がかなり低下する、⑤韓国への兵站および戦闘支援がきわめて困難となる、⑥日本の修理施設および熟練の日本人労働者を失う、⑦日本にある基地・施設を日本以外へ移転する費用は莫大である、⑧極東における唯一日本のもつ大規模な工業力を米軍支援に利用できなくなる、そして⑨コミュニケーション用施設の移転はコミュニケーション手段を複雑化する、などであった。ここで要件とされた同盟国などの信頼や、共産主義者の活動との関係という政治的、心理的な影響、また軍事的観点からの不利益、さらには高くつく経済的コストなどは、逆に指摘するならば、米軍が撤退するときに考慮される条件でもある。

さらに、基地を維持する際に考慮すべき点もあげている。言葉をかえると、米軍にとって在日米軍を維持するうえで障害だと考えられた点である。①共産主義者の影響下にある労働者のストライキに対する在日米軍基地の脆弱さ、②核兵器の持ち込みが政治的に実現する可能性は乏しく、また平時における持ち込みが約束されていないこと、③在日米軍の駐留経費は今後も赤字を計上し続けること、④日本防衛義務の肩代わりに対する日本人の無関心、⑤日米安保条約は、事前協議がなくとも戦闘地域への米軍の配備に制限を課しており、そのため在日米軍基地の有効性にとって、とりわけ日本の死活的な利害に関わりをもたない制限戦争の際には深刻な拘束要因になること、などの五点であった。これらの点は、米軍にとって日米安保体制を維持していくうえで解決あるいは改善すべきことであり、その後の日米間の課題となっていったと理解すべきだろう。結論として、統合参謀本部は極東での米戦略の変更がない限り、現状の体制で日本の米軍基地を保持すべきだと判断していた。

この文書において障害だと指摘された点は、日米の安全保障関係をみるうえで興味深い。

まず、①については、日本経済の成長により労働者の待遇改善が図られることで解決可能。また、③については、米軍駐留経費への日本政府の負担分担を増大させることにより解決可能。さらに、④については、少なくとも日本政府が防衛費を増大することにより解決。しかし、在日米軍の存在が日本防衛に貢献していると日本人の多くが評価するためには、日本人のもつ戦争に対する嫌悪感、核アレルギー、国際社会での日本の役割イメージなどに、変更が加えられなければならない。その意味で時間を要する課題であるが、さりとて時間が経てば解決されるほど単純なものでもなかった。

これらの点に対し、とりわけ日米安保条約との関係で注目すべき点は、②の核兵器の持ち込みについてである。「平時における核兵器の持ち込みの見通しは約束されていない」ということは、平時には困難だが、有事に際して核兵器を日本に持ち込める、何らかの取り決めが日米両政府間であったことを意味するのであろうか。もうひとつの注目点は、⑤である。当時、統合参謀本部は在日米軍の行える戦闘作戦のための出撃の条件、その範囲の制限を取り除きたいと考えていたことである。それは、基地の自由使用を確保したいと言い換えることができる。

有事の際における密約

つぎに、有事に際して核兵器を日本に持ち込むための何らかの取り決めが、日米両政府間にあったことを示す文書を紹介する。

現行の日米安保条約が発効する直前の一九六〇年六月一一日、「米国の対日政策」と題するNSC6008/1文書[*]が、アイゼンハワー大統領の承認を得た。この文書では、米国がとるべき政策のガイダンスの軍事部門において、つぎのように述べられている。

*NSC 6008/1; U. S. Policy Toward Japan, June 11, 1960; State in OCB-NSC, 1947-93, Lot file 63D351; NSC Box 99; Records of State Department, RG 59; National Archives, Washington, D.C. 同文書の存在について、坂元一哉（大阪大学助教授）氏が一九九六年五月二〇日に立命館大学にて開催された日本国際政治学会「政策決定」分科会にて報告した。

まず、米国は一九六〇年の日米安保体制を維持し、日本に米軍を配備する。米国の安全保障上の利益と、日本および極東における日米安保条約上のコミットメントを果たすという、米国の決意と示威に基づいて、日本へ配備する兵力規模が決る。具体的には、①日本の施政権下にある領土に対する攻撃が行われた際に日本の防衛を助ける、②以下の点に関し、日本と事前に協議する、(ア)在日米軍の配備の重要な変更、(イ)核兵器および中距離、長距離ミサイルの日本への持ち込み、(ウ)日本が紛争の当事者でないときに日本以外の地域への戦闘作戦のための日本の米軍基地からの出撃、但し、以下の③において述べる作戦を除く、③在韓国連軍に対する攻撃によって生起する緊急事態において国連統一司令部の下で在日米軍が戦闘作戦を緊急に取る必要上、日本の米軍基地を使用する。

つまり、日本の防衛と極東の安定のために米国は米軍を日本に配備し、日本との事前協議において日本の意向を尊重することにしていたが、朝鮮半島の有事の際には、事前協議は行わずに在日米軍基地を使用する、というのである。これは、事前協議の適用除外規定があったことを意味する。つまり、朝鮮半島の有事の際には、日本への核兵器の持ち込み、貯蔵だけでなく日本からの直接出撃も米軍の判断だけで実行される。いわゆる有事の際の韓国条項として知られていたことだが、その存在をこの文書において確認できた意義は大きい。

ちなみに、前記の①に「日本の施政権下にある領土」とは、日米安保条約第五条の規定に基づいている。単純に「日本の領土」ではなく「施政権下にある領土」となったのは、日本の国内政治においてみると、当時日本の施政権下になかった沖縄への攻撃を日本の防衛範囲としたくなかったという当時の日本社会党の強い反対があったからである。反対の根拠となったのは、米軍基地のある沖縄は攻撃の対象となる可能性が大きいと判断され、在沖米軍への攻撃を日本への侵攻と同じに扱いたくなかったからであった。そうした論理は、社会党だけでなく自民党にも支持され、戦争に巻き込まれたくないという、戦後日本の多くの国民の感情に支えられていた。米軍においては、安保条約に基づく日本防衛の範囲に米統治下の沖縄を含めると、日本政府の介入を招き、米国の沖縄に対する排他的統治が損なわれると判断されていた。したがって、日本と米国のそれぞれの事情から、日本の領土でありながら当時米施政権下にあった沖縄が、安保条約で規定する日本防衛の範囲から除外されることになった。

在沖米軍基地の役割

平時において日本へ核兵器を持ち込むメカニズムを示す文書を紹介する。* 一九六二年三月二三日の国務省・統合参謀本部の合同会議において、統合参謀本部は日本に核兵器を貯蔵することへ向けて、国務省の早急な取り組みを求めることにしていた。この会議のために国務省が作成した文書は、統合参謀本部の提案をつぎのように紹介している。

*拙稿「核と基地」沖縄タイムス、一九九六年九月一三日、二〇日、一〇月四日付けにて、詳細に論じた。

それは「ハイ・ギア作戦（High Gear）」計画と呼ばれ、* 沖縄から日本本土の米軍基地へ向けて「定期的なローテーション（a regular, rotational basis）」で核兵器を積んだ飛行機が飛び回る方法であった。この作戦計画は、核兵器を積載する飛行機として嘉手納空軍基地に配備されている、C-130輸送機を使用することにしていた。そして、二ないし三機で構成される核兵器積載のC-130輸送機グループを、日本本土にある複数の米空軍基地（板付、横田、三沢）それぞれに、別のC-130輸送機グループが到着するまでの数日の間、駐機することとされた。

*Memo from W. B. Robinson to Feary, March 22, 1962, attached to Substance of Discussions of State-Joint Chiefs of Staff Meeting, March 23, 1962; State-JSC Meeting, March 23, 1962; Records of State-JCS Meeting 1959-1963, Lot file 70D328, Box 3; Records of State Department, RG 59; National Archives, Washington, D. C.

同文書の付属文書によれば、当時、日本へ核兵器を輸送するための二四時間緊急発進態勢（alert status）をとった一一機のC-130が嘉手納空軍基地に配備されていた。日本本土に配備している航空機は、板付にF-100戦闘機二六機、横田にB-57爆撃機三六機、三沢にF-100戦闘機二五機であった。嘉手納からそれぞれの基地への飛行時間は、板付へ一時間五〇分、横田へ三時間一〇分、三沢へ四時間一五分であった。二四時間態勢のC-130が嘉手納を緊急発進して、それぞれの基地に到着し、C-130から核兵器を下ろして、戦闘機や爆撃機に核兵器を装着して出撃態勢に至るまでの時間は、板付だと四時間、横田だと五時間、三沢だと六時間と想定されていた。

米空軍にとって、これらの時間を短縮するために「ハイ・ギア」作戦が必須とされたのである。つまり、核兵器が使用される状況にこれらの時間を要してしまうことが、日本本土に配備されていた米空軍の担う核による攻撃力を殺いでいる、という論理である。この作戦計画は、東アジアにおける米の核抑止力の維持に、沖縄の嘉手納基地が重要な役割を担っていたことを明らかにしている。嘉手納基地の存在は、沖縄からの直接出撃だけでなく、日本本土の基地からの出撃を可能にしていたのである。

ともあれ、「ハイ・ギア」作戦によって、交互（ローテーションで）に核積載の輸送機グループが飛んでくるので、結果的には、核による反撃能力に必要な最小限の核兵器が、「常時（at all times）」、日本本土のそれぞれの空軍基地に貯蔵されていることになる。統合参謀本部は、この方法が米国の日本に対するコミットメント（「平時」における核兵器の持ち込みについては、事前に日本政府と協議することになっている）を明白に誤魔化すことになると承知していた。それでもなお、統合参謀本部は、この方法による軍事的要求（有効性の高い核兵器による反撃能力の構築）の実現が優先されるべきだとしていた。

同文書は、こうした統合参謀本部の提案について、国務省としてつぎのような対応を取るべきだ、と指摘する。「ハイ・ギア作戦」にみる統合参謀本部の計画は、これまで日本との間で築き上げてきた相互の固い信頼関係に直接的な悪影響を与え、また、発覚したときのきわめて甚大な危険性を抱えており、結果として日本におけるすべての米軍基地を失うことになる、と批判すべきだと述べる。核兵器を扱う部隊を秘密裏に配備しても、基地の動きを監視している左翼グループが存在していることを考慮すれば、核兵器の存在が公に知られることになるだろう、とも指摘する。さらに、核積載の航空機事故が万一起これば事前の予防措置を取らねばならず、それは核兵器の存在を知らしめることになるなどを理由として同文書は、国務省として統合参謀本部提案による核兵器の日本配備計画に反対すべきだ、と勧告していた。国務省・統合参謀本部の合同会議において実際に勧告通りに国務省が反対したため、統合参謀本部提案は頓挫した。

この会議に関わる一連の文書は、まず第一に、平時における核兵器の持ち込みを統合参謀本部が、強く要求していたことを示している。第二に、核兵器に依拠する緊急事態が起ったときの米空軍による核兵器の日本への持ち込み計画の概要を明らかにしている。第三に、当時の米軍の核兵器によって日本を守るという「核の傘」は、少なくとも沖縄と韓国に貯蔵・配備されていた核兵器によって保障されていたことを明確にしている。米空軍だけでなく、その「核の傘」は横須賀や佐世保に寄港する米海軍艦船に積載された核兵器によって構成されていただろう（状況証拠となる公文書は公開されているが、決定的といえる文書はまだ確認されていない）。

「韓国条項」とは

日米両政府の間で行われるはずの事前協議の運用を示す文書を紹介する。それは、一九六九年七月一七日に外務省で開かれた、アーミン・H・マイヤー駐日米大使と愛知揆一外務大臣との会談記録*である。当時の日米両政府は、沖縄の施政権返還交渉の山場を迎えていた。一一月開催予定の佐藤・ニクソン会談を控え、そこで発表される予定の沖縄の施政権返還に合意する内容の日米の共同声明案を作る過程にあった。具体的な争点として、返還に際して沖縄に配備していた核兵器を撤去する（核抜き返還）のか、あるいは核兵器を残す（核付き返還）のかをめぐって、大きく揺れていた。

*"Memorandum of Conversation, July17, 1969; folder of Japanese Materials; Civil Administrator, 1604-04 Unidentified files 1969-72, Reversion Agreements to PreCom 1971-1972, Box 500b; Records of USCAR. RG 260; National Archives, Washington, D.C.

それは、事前協議について日米双方がどのように共通な理解をもち、運用するかにあった。事前協議の対象とされる米軍の配置の重要な変更、装備の重要な変更（核兵器の持ち込みを含む）、日本からの直接の戦闘行動の三つにおいて、日本政府が「no」というと、米軍は柔軟な行動がとれないことになるので、いずれの場合にも日本政府の「yes」という回答が米軍にとって不可欠であったからである。つまり、事前協議を日本政府に申し入れる際に、米政府は日本側の「確実な回答（an affirmative response）」を得たうえで、事前協議に臨む必要があった。

＊安保条約第六条の実施に関する交換公文（事前協議交換公文）一九六〇年一月一九日署名。

一一月二一日の佐藤・ニクソン共同声明の第四項としてまとめられることになる「韓国条項」作成をめぐって、事前協議のメカニズムがその佐藤・ニクソン会談において議題として取り上げられた。マイヤーは、例えば韓国への武装攻撃が起った場合に、両国間において口頭了解（an oral understanding）だけは存在するけれども、事前協議において日本の態度は「yes」であるはずだ（Would likely be "yes"）と日本側は述べていることについて、米国側としてはより確実な保証になるものを求めている、と愛知に伝えた。続けて、マイヤーは確実な保証としては日米間の秘密了解（a confidential understanding）ではなく、「一九六〇年の韓国に関する会議録（the Korean Minute of 1960）」や了解合意メモ（an agreed memorandum of understanding）などと同様な形式をとることが考えられるだろうと示唆した。ここで登場した「一九六〇年の韓国に関する会議録」とは何であったのか。

マイヤーによれば、一九六〇年の安保条約はその第七条において、「国連憲章に基づく締約国の権利及び義務」に対していかなる影響も与えないとしているのであるから、日米安保条約によって国連憲章に基づく米国の行動は妨げられない。マイヤーは直接な表現を控えたが、在韓の国連軍の一員である米軍の行動は日米安保条約によって拘束されない、という論理を明確にした。事前協議の運用のあり方についての検討を重ねる必要を認めながらも、マイヤーはその第七条を根拠にしてつぎのように述べた。

「もし韓国で敵対行為あるいは他の極東や周辺地域で攻撃を受けるような事態が発生したとき、事前協議のメカニズムが米国の足枷となるべきではない」と。

それに対し、日本政府は「一九六〇年の韓国に関する会議録」での日米了解について、日米共同コミュニケ案文作成との関連で、つぎのような態度をとっていた。

> 韓国に関する声明（共同声明第四項の日本側案―引用者注）は「一九六〇年の韓国に関する会議録」において予測されている事態を含み、正確にはより低い程度の緊急事態を含んでおり、「一九六〇年の韓国に関する会議録」より広範囲なものとなっている。日本政府は、効果的な軍事行動の必要性に適合する全ての事態のもとに事前協議を維持する必要を認めて、事前協議の迅速な方法および手段について米政府と全面的に協力する用意がある。したがって、これは「一九六〇年の韓国に関する会議録」に代わるものとして扱われる。

つまり、日本政府は「韓国に関する声明」が共同コミュニケに入るので、「一九六〇年の韓国に関する会議録」での日米了解を破棄したというのである。前記から理解できるように、「韓国に関する声明」の内容は、低度から高度な緊急事態までのより広範囲の事態を想定して、日本政府が米国の軍事行動に全面的に協力しながらも、事前協議の枠組み内で対処しようというのである。重要なことは、その時点まで、韓国での緊急事態、つまり朝鮮半島有事に際して、在日米軍の行動は日米両政府の事前協議の対象ではなかったことである。これは、先に紹介した一九六〇年六月一一日の「米国の対日政策」(NSC6008／1)で指摘する、韓国有事の際の事前協議除外規定の存在を裏づけている。

愛知は、「一九六〇年の韓国に関する会議録」での日米了解によって、国連軍は緊急事態のみを対象として事前協議を経ずに自由に行動できたが、「韓国に関する声明」によって米軍は実質的により広い範囲で行動することができると強調した。マイヤーはこの日本側提案について、日米の了解する「一九六〇年の韓国に関する会議録」における朝鮮半島有事の範囲は拡大されるけれども、朝鮮半島有事を事前協議の対象とすることは、米国の行動に対する日本の拒否権(a veto)をめざすものだと評した。そして、「一九六〇年の韓国に関する会議録」での日米の了解事項の内容よりも後退するような案を受け入れることはできない、とマイヤーは反論を繰り返した。愛知は、事前協議制を維持する必要性と切り離して、「韓国条項」が事前協議の対象となっても実質的には同じであることを約束できれば、と述べてマイヤーの理解を求めた。マイヤーは、愛知の言うように「実質的には同じ」とするには一層の検討が必要だとして、会議でのこれ以上の言及を避けた。

少なくとも、日米の間で了解された「一九六〇年の韓国に関する会議録」においては、朝鮮半島有事に際して核兵器を含む在日米軍基地の自由使用が認められていた。そして、平時においては核兵器の持ち込み、貯蔵を含めて沖縄の米軍基地が自由使用されることによって、日米安保体制が維持されてきた。

この愛知・マイヤー会談記録は国民に対する説明とはまったく異なる事前協議が存在してきたことを明らかにしている。

発表された佐藤・ニクソン共同声明第四項は、朝鮮半島についてつぎのように述べている。

総理大臣と大統領は、特に、朝鮮半島に依然として緊張状態が存在することに注目した。総理大臣は、朝鮮半島の平和維持のための国際連合の努力を高く評価し、韓国の安全は日本自身の安全にとって緊要であると述べた。

ここでいう「国際連合の努力」とは在韓の国連軍の存在をさし、「日本自身の安全にとって緊要」となるため、日本政府は朝鮮半島有事の際に日本の防衛のうえからも、在日米軍が自由に行動をとることを認めている、と理解していいだろう。

事前協議の空洞化

以上の共同声明だけでは、「一九六〇年の韓国に関する会議録」での日米了解が、愛知の提案する「韓国に関する声明」に取って代わったかについて明らかでない。米側が求めていた事前協議での確実な保証になるものを日本側が譲歩すれば、事前協議制のもとに「韓国条項」を組み込む日本側の要望が実現しただろう。その確実な保証となりうるのは何であったのか。

一一月の佐藤・ニクソン共同声明案作りの作業において、国務省が日米間で合意に達していない点を整理している。ブラウン国務次官補（東アジア担当）からジョンソン国務次官（政治問題担当）宛ての一九六九年一〇月二八日付けの文書「沖縄——佐藤訪米への準備」*は、検討を要する八つの課題を指摘している。核兵器と並んで、返還に際しての財政を含む経済問題、議会関係者との協議、マスコミへの公表と説明、共同声明とナショナル・プレス・クラブで行われる佐藤の演説との関係、議会の承認を必要としない行政協定の可能性、関連する他の在外米公館への連絡などが項目としてあがっている。最初に取り上げられた核兵器に関し、つぎのように述べている。

* "Memorandum, Brown to Under Secretary for Political Affairs", October 28, 1969, in US-Japan Relations Documents Project, National Security Archives, Washington, D.C.

「国家安全保障決定メモランダム第十三号（NSDM13）にて、大統領は『（沖縄返還）協定の他の分野で満足だと判断され、核兵器の緊急貯蔵（emergency storage）および通過（transit）の権利を維持する一方、交渉の最終段階で大統領が核兵器の撤去について考慮することにする』と決定した。」

「大統領が佐藤と直に会談をして、核を除いて協定が満足できる内容であり、また核の撤去が協定に不可欠な条件だと確信したときに、大統領自身が核の撤去について決定を下す。それまでは最終的判断を差し控える。しかし、大統領は、その際に、決定をどのように公表するのか、どのような形式をとるのかについて注意を払うべきである。我々は、省庁間の研究に付される前に、共同声明に挿入される核兵器に関する文言案と緊急時の核の再導入（emergency re-entry）を、多分に秘密の形で、日本側が認める協定文案を準備している。」

「もちろん、佐藤は、秘密裏であっても、緊急時の核の再持ち込み（re-introduction of weapons in an emergency）については拒否して、すべての事態を事前協議の対象としたいと主張するだろう。」

「近日中に核に関する文言を提出する予定である。もし文言がそれで満足できるものであれば、省庁間会議での了承を得、東京の米大使館にコメントを求め、ホワイトハウスに確認を求めたい。」

「通過権（transit rights）についてNSDM13において言及されているが、日米双方とも通過を認めるという暗黙の前提に進んでいる。米政府は、寝た子を起こすのかあるいは具体的な通過権について交渉で取り上げるのかについて決めなければならないだろう。」

「とくに核問題について取り決めが可能だとする十分な確信がなければ、佐藤は一一月に訪米しないと言われている。このメモランダムと対をなす電報（東京の米大使館宛─引用者）案の第三段階において、大統領が取るであろう立場については明確なヒントを与えている。もし他に必要あるいは望ましいことがあれば、検討すべきであろう。」

この国務省のメモランダムは、沖縄の施政権返還交渉の最大の争点の一つが、緊急時の核兵器の再持ち込みについてであり、それを日本政府が了解して、どれだけのことを公に明言できるのかにかかっていたことを示している。また、核の通過については、すでに日米間で暗黙の了解ができていたことを明らかにしている。

ロジャース国務長官からニクソン大統領に宛てられた、佐藤・ニクソン会談での議題をまとめたメモランダム*がある。これは、会談の場で大統領が話すべきポイント（talking points）をあげている。大統領はこれらのポイントを頭に入れて、実際の会議に臨むのである。このメモランダムには日付が付されていないが、内容からすると佐藤・ニクソン会談直前の一一月上旬だと考えられる。また、先に紹介した国務省文書「沖縄——佐藤訪米への準備」（一九六九年一〇月二八日付け）を踏まえて作成されたと考えられる。

＊Memorandum for the President from Secretary of State Rogers, ca. 11/69, Subject : Sato Visit-Main Issues (with attached Talking Points), in US-Japan Relations Documents Project, National Security Archives, Washington, D. C.

それによると、この会談の目的は沖縄返還に関連する共同声明と他の取り決めについて日米首脳が合意することであり、特に繊維と他の通商問題についての共通の利益と関係について再検討することであった。また、同メモランダムは、まだ未解決として残されている主要な問題として、沖縄における核の貯蔵と繊維の二つをあげている。

沖縄の返還に関する全般的見解については、つぎの三点にまとめている。

第一に、「韓国あるいは台湾への武力攻撃が行われる場合に、日本政府が米軍に対し沖縄と日本にある米軍基地を使えるよう保証すべく、実質的な努力を払いまた政治的危険をも冒している事実を評価する。」注として、「共同声明の沖縄に関する箇所と佐藤の一方的な声明（共同声明発表直後のナショナル・プレス・クラブでの演説—引用者）が、公の場で日本政府の行える可能な限りの保証についての明言化である」と追加されている。

第二に、「いかなる攻撃にも我々はしっかりと対応することを、想定される侵略者と韓国と台湾の友人たちへ向けて、声明と行動によって正確なシグナルを送ることは極めて重要である。」

第三に、国防総省が希望していることだが、「大統領の権限で、極東における武力攻撃の際に無条件の基地自由使用を認める秘密の保障を米側に対し与えること（つまり、協議なしあるいは形式的な協議のみ—引用者）を佐藤が検討するかについて探りを入れること」。注として、佐藤はこの件が取り上げられることを期待しないだろう、と。そして、多分に佐藤は共同声明で述べられる原則にのっとって日本は行動すると一般的な声明の形で発表することによって保証したいと言うだろう、と述べる。さらに、この点に関する秘密協定に佐藤は抵抗するだろう、と指摘している。

核兵器に関しては、つぎの二点をあげている。まず第一に、「これは最も厄介な問題であり、交渉での最も重要な部分でもある」と指摘する。「米国の核兵器は、極めて重要な抑止力である」。「もし撤去されるならば、敵国と友好国は米国の能力がかなり低下すると思うであろう、また、こうした抑止を目的とする兵器の削減は米国の軍事能力低下への同盟国及び敵国の思いを強めるだろう」。「旧式化したメースB2型ミサイルの撤去が近日中に発表される予定だが、そのことが他の兵器に関する抑止の要素を変更したり削減するものではない」。

第二に、「極東における緊急事態に際して我々が確実に対応することについて、佐藤の見解とアドバイスが必要である」と指摘する。注として、「両国にとっての必要不可欠なことを満たせるような解決を探り出そうとする大統領の努力を、佐藤は全面的に理解するだろう」。だが、「この点に関してどのような提案を準備しているのかを示す兆候を、我々は把握していない」と述べている。

この文書によれば、日本政府は米国に対し韓国と台湾（必要とあればベトナム戦争を継続する際も含めて）の有事の際に沖縄と日本本土にある米軍基地の使用を認める、という。そして、日本政府は共同声明において沖縄の米軍基地の自由使用を明言しないが、沖縄だけでなく日本本土の米軍基地を米軍が満足できるかなりの程度の自由を保証する、とする。沖縄の核兵器については、旧式化したメースB2型ミサイルを撤去するものの、極東における米国の核抑止力を低下させないために他の兵器は撤去しない。この「他の兵器」は、核兵器の全体あるいは特定の部分を含めた兵器をさしていると考えられる。つまり、メースB2型ミサイル以外の核兵器、核兵器を構成する特定の部分（それだけでは完全な核兵器ではない）、あるいは抑止力を構成する通常兵器をそのまま沖縄に貯蔵する、と理解してもいいのではないだろうか。なぜならば、当時の沖縄にはメースB2型ミサイル以外の核兵器（例えば、先に紹介した米空軍の核兵器など）が貯蔵されていたからである。ともあれ、沖縄に配備されている核兵器としてよく知られているメースB2型ミサイルだけは撤去するというのだ。

一一月一〇日、佐藤訪米直前の日本政府内部の様子について、東京の米大使館はつぎのような内容の電報*を送っている。まず、沖縄問題が日米関係の鍵であるという基本的な認識に立って、極東における米国の安全保障の責任を果たすうえで、この共同声明がいかなる障害にもならないと日米両政府は合意している、と伝えている。日本政府にとって共同声明の文言が日本政府の国内政治向けの面子を潰さない表現を取るのかどうかが問題であるのに対し、米政府にとっては、共同声明の文言が十分に拘束性をもつかにあった、と指摘する。九月中旬に行われた愛知・ロジャース会議において、核を除いては相互に合意できる共同声明案が出来上がっている、と述べる。

*Cable Tokyo No. 9332, Meyer to SecState, 11/10/69, Subject : Sato Meeting with Nixon, in US-Japan Relations Documents Project, National Security Archives, Washington, D.C.

同電報は、核兵器の貯蔵をめぐる日米の相違点をつぎのようにまとめている。日本政府は国民的な「核アレルギー」と非核三原則（持たず、つくらず、持ち込ませず）に拘束されている。一方、米政府は日本にある米軍基地の主要な目的である抑止力を低下させるわけにはいかない、また抑止力には核兵器を含むすべての武器体系が入っている、と主張している。こうした最ももつれあう議論を解くには、緊急事態が生じるときに核の再持ち込みについての事前協議において、間口を開いておく（it keeps door open for "prior consultation" for re-entry of nukes）ことを示す（noting）日本の提案する共同声明の文言案を受け入れたほうがいい、と愛知は強調した。それを受けてマイヤーは、「愛知の提案する共同声明の文言に加えて、緊急時の核の再持ち込みを可能とする佐藤から大統領への私的な保障（private assurances）が、多分に核の問題について我々が期待できる最高の結果である」と結論づけている。

つまりマイヤーによれば、共同声明では拘束力の弱い文言が採用されるが、実質的には日本政府が米国に対し核の持ち込みを認めることで妥協が成立する。そして、その妥協を実行性たらしめるに、佐藤からの「私的な保障」が必要だというのだ。

この「私的な保障」は、若泉敬が証言する佐藤・ニクソンの合意議事録*が、密使としての若泉の側（佐藤の意向を十分反映して）から求められただけでなく、米政府内において必要とされていたことを示す。それは返還交渉に際しての若泉の役割を評価するとき、米政府に利用されたことを示唆している。

*若泉敬『他策ナカリシヲ信ゼムト欲ス』文藝春秋、一九九四年、四四七―四四八ページ。

おわりに

さて、米政府は日本政府から「緊急時の核の再持ち込み」を認めさせることによって「一九六〇年の韓国に関する会議録」以上の明確な保障を獲得しただろうか。一九六九年一一月二一日の共同声明によって、沖縄の施政権返還が合意されると同時に、核兵器が撤去されることになった。そして、事前協議に関する範囲とその対象は明確にされなかったが、日本政府は実質的に、緊急時における核兵器の再持ち込み、あるいは再貯蔵を認めるだけでなく、沖縄と日本にある米軍基地の無限に近い自由使用（米軍が必要とする行動がとれる）を米軍に認めた。事前協議の対象外であった朝鮮半島有事については、日本政府はかならず「yes」となると主張して、事前協議の対象拡大を求めたが、そのことがどのような結末をみたのかについて、現在公開されている公文書から言えることはきわめて少ない。

つぎの文書によれば、朝鮮半島有事が事前協議の対象外とされていたことは、沖縄返還後の一九七二年以降も継続したと考えられる。この文書は、「韓国への侵略が生じる際の在日米軍基地の使用」を主題としたＮＳＤＭ262（国家安全保障決定メモランダム―二六二、一九七四年七月二九日付け）である。

＊National Security Decision Memoradum No. 262, July 29, 1974, Subject：Us eof U.S. Bases in Japan in the Event of Aggression Against South Korea, in US-Japan Relations Documents Project, National Security Archives, Washington, D.C.

大統領は、韓国への侵略が生じる際の在日米軍基地の使用に関する一九六一年の岸との会議録（the 1961 Kishi Minute）の延長についてのＮＳＤＭ251において述べられているガイダンスの修正を求めた一九七四年四月二七日付けの国務副長官のメモランダムを検討した。

大統領は、そのメモランダムで述べる選択肢第三号の勧告を承認した。つまり、明確で公式的な延長を日本側に要求することなく、韓国に関する会議録の効力を少なくとも持続させる目的をもって、米国は①直接に日本政府に対し韓国に関する会議録そのものについて問題提起をしない、②むしろ、在韓国連軍の将来をめぐる日本政府との話し合いにおいて、たとえ国連軍の管轄範囲から日本が除かれおよび日本における国連軍の地位協定が終了したとしても、国連軍の廃止が北朝鮮からの攻撃を抑止する米国の能力に影響を決して及ぼさないと確信し、また日米共同による公式な行動を必要としない立場をとる。

したがって、この点に関しＮＳＤＭ251にて述べられるガイダンスは修正されるものとする。

以上がＮＳＤＭ262の全文である。ここに「韓国に関する会議録」が登場している。これは、朝鮮半島有事の際には、日米の事前協議の対象とはせずに、日本政府が米軍に対し核兵器の持ち込み、貯蔵を含めた在日米軍基地の自由使用を認める、「一九六〇年の韓国に関する会議録」だと考えて間違いないだろう。だが、この文書が指摘する「一九六一年の岸との会議録（the 1961 Kishi Minute）」と、「一九六〇年の韓国に関する会議録」との表示に違いがある。それが何を意味するのか、現在のところ不明である。一九六一年には、岸（信介）は総理の任にはいない。当時、日本の首相として「一九六〇年の韓国に関する会議録」に関わった岸が、一九六一年に何らかの場で米側に、いわば「一九六〇年の韓国に関する会議録」は効力ありとの再確認の回答を行っていたのかもしれない。そのことを、「一九六一年の岸との会議録（the 1961 Kishi Minute）」と呼んでいるのかもしれない。

いずれにせよ、一九六九年一一月の日米共同声明に際して日米両政府間で再検討の交渉が行われたことを示す、「一九六〇年の韓国に関する会議録」は、このＮＳＤＭ262によれば、一九七四年に至っても修正あるいは代替されずに存続していたと、指摘できるだろう。だとすれば、朝鮮半島有事に際して、日米間の合意を明確化し、日米間の共同行動のあり方、さらには日米の軍事協力、共同作戦へと検討が一九七四年以降（現在、進行する日米共同作戦の研究とその実施を含めて）に必要となるのは、本稿における分析からすれば一連の流れだといえるだろう。いうまでもなく、事前協議の空洞化を前提とした朝鮮半島有事の際の日米協力の枠組みが、一九六〇年の段階で出来上がっていた。

以上の分析は、一九九六年の時点で入手できる公文書史料に基づくだけに、限定的にならざるをえない。公文書史料の公開によって、今後、日米の安全保障関係の実証的研究が進むであろう。もちろん、米政府だけでなく日本政府の公文書公開も進められることが不可欠であることはいうまでもない。


（初出＝剣持一巳編『安保「再定義」と沖縄』緑風出版、一九九七年所収）

米軍基地と日米安保

――「五・一五メモ」とは何か

（一九九七年）三月七日付の「琉球新報」朝刊は、独自に入手した非公開の「五・一五メモ」の全容を報じた。

「五・一五メモ」とは日本政府が沖縄で米軍に提供する「施設及び区域の個々の覚書」、「国連軍の沖縄の施設及び区域の使用に関する覚書」、米軍の沖縄周辺空域の航空管制業務の内容を取り決めた「民間航空分科委員会覚書」、沖縄の米軍基地に働く「第三国人リスト」、米軍人、軍属、その家族などの出入国管理を取り決めた「出入国分科委員会覚書」、電波の使用・管理に関して取り決めた「周波数分科委員会覚書」など一四種類の覚書と文書から構成される。これらの覚書は、合同委員会の下部に設置されているそれぞれの分科委員会における沖縄の米軍基地に関連した取り決めだと思われる。「施設及び区域の個々の覚書」は英文本文ではA4判二五七ページ、日本語訳文ではA4判一二〇ページ。「琉球新報」によれば、入手した「メモ」は四八カ所の施設及び区域の使用条件などを記しているという。入手した同「メモ」の全文を本紙は紹介していないので不明だが、記事中で言及した施設数は二九となっている。同紙が言及しなかったのは、辺野古弾薬庫、キャンプ・コートニー、キャンプ瑞慶覧、嘉手納弾薬庫、ホワイト・ビーチなど主要な基地である。多分に、一九七八年五月に「五・一五メモ」が一部公開されたときに、これらの基地の使用条件が明らかにされたので、紹介を省いたのだろう（未公開二五施設分だけ掲載、三月九日付）。

「五・一五メモ」の存在が知られるようになったきっかけは、キャンプ・ハンセンでの実弾射撃訓練にあった。米海兵隊が、一九七三年三月三〇日、県道一〇四号線を封鎖して、同県道を越えて実弾射撃訓練を実施した。県道封鎖に抗議した沖縄県庁、地域住民に対し、米軍は復帰時の日米合同委員会の合意によって、米軍の活動を妨げないかぎり、一般住民による使用が認められているとの非公式説明を行った。このとき初めて、「五・一五メモ」が存在していることが明らかになった。その内容については、まったく公開されなかった。

そして、一九七七年七月二日にキャンプ・シュワブで垂直離発着機のハリアーの訓練が行われた際に、同基地の上空で航空機を運用してもよいと「五・一五メモ」で合意されていたことが判明した。こうして、地元に知らされることのなかった基地の使用条件を記す「五・一五メモ」への関心が高まり、当然、その公開が地元・沖縄から求められるようになった。

その結果、一九七八年五月、防衛施設庁は「国民の生活と関連がある使用条件の概要」を沖縄にある二二カ所の基地、本土にある六カ所の基地について公開したが、それ以後、「五・一五メモ」の追加的公開は行われていなかった。

基地（「基地」と「施設及び区域」は同じ意味、日本政府は後者を使用する）の使用条件などの取り決めを「五・一五メモ」だと解釈すれば、「施設及び区域の個々の覚書」だけになるだろう。だが、基地の存在によって作られることになった取り決めが、直接に沖縄の人々に影響を与えると考えると、沖縄の人々は物理的な存在としての基地だけでなく、沖縄全体に及ぼす基地の使用状態を知るべき立場にある。

例えば、「国連軍の沖縄の施設及び区域の使用に関する覚書」は、その背景に重大な問題を抱えている。既に日米両政府の間で、朝鮮半島有事の際には国連軍の名のもと（朝鮮「国連軍」は米軍などから構成される）で米軍が、事前協議の適用を受けずに直接出撃できることになっているからだ。その合意の対象に沖縄の米軍を含めるのが、国連軍に関する覚書であろう。民間航空機が沖縄周辺空域では従わなければならない航空管制の取り決めもある。国民には利用が制限されている電波を米軍はどのような条件で使用できるか、疑問だらけだ。

「五・一五メモ」の特徴

「施設及び区域の個々の覚書」の内容を分析してみよう。

まず、対象となる基地の数の変化である。「五・一五メモ」が取り交わされた一九七二年五月一五日の段階では、八八カ所の施設及び区域について日米合同委員会で合意した。返還時の八八と現在の四八の差は、返還された基地の数と自衛隊に移管された基地の数の合計である。

次に、沖縄県労働渉外部の刊行した『沖縄の米軍基地』（一九七九年）が七八年に一部公開された「五・一五メモ」について指摘した問題点に、今回の公開分を追加して分析してみよう。

1　「空域」が設定されていないが、使用条件によって二〇〇〇フィート上空使用が合意されている基地がある。例えば、北部訓練場、キャンプ・シュワブ、キャンプ・コートニー、ホワイト・ビーチなどである。今回の公開文書で、キャンプ・マクトリアスにも上空使用が合意されていることが明らかになった。

2　実施されてはいないが、使用条件によって実施が認められている北部訓練場での実弾射撃訓練、キャンプ・ハンセンにおけるヘリコプター及び固定翼機による空からの地上への実弾射撃訓練がある。今後、実施される可能性がある。今回の公開文書によると、これまで明らかになっている実弾射撃訓練以外に合意されている訓練場はないことが分かった。

3　軍用地ではないダムや貯水池について、地位協定第二条第四項bによって一時提供施設として米軍に提供されている。例えば、北部訓練場では安波ダム、普久川ダム、新川ダム、福地ダム、そしてキャンプ・シュワブとキャンプ・ハンセンの境界内にある貯水池である。今回の公開文書では、キャンプ・シュワブとキャンプ・ハンセンの境界内にある貯水池において行える訓練の内容が記されている。(a)浮き橋の建設と使用、(b)水質浄化訓練、(c)小型舟艇の操作訓練、(d)いそ波訓練、(e)水陸両用車使用による訓練、(f)ヘリコプターによる消化訓練、(g)ヘリコプターによる空=海救助訓練、などである。米軍が、一九八八年六月に行った北部訓練場のダム湖水での訓練に関する記述は、今回の公開文書に存在しない。この湖水訓練は日米安保協議委員会で合意された事項と発表されており、合同委員会とは別個になっている。合同委員会の「五・一五メモ」以外にも、基地に関する合意事項が存在することを伺わせる。

4　出入路と同様に県道一〇四号線について、米軍の活動を妨げないことを条件に地域住民の通行が認められている。出入路については、今回の公開文書で、ギンバル訓練場、レッド・ビーチ訓練場、ブルー・ビーチ訓練場、恩納通信所（現在、返還済み）、泡瀬通信所などで地域住民の通行が、条件つきで認められていることが明らかになった。また、嘉手納弾薬庫内で記念碑への通行は保証されている。

5　必要があれば合同委員会で使用条件が検討されるまで、北部訓練場、キャンプ・シュワブ、キャンプ・ハンセンなどでは復帰前と同様な使用が認められている。今回の公開文書で明らかになったのは、以上三カ所のみが復帰前と同様の使用を認めていることである。他の基地では、地位協定の下で日本本土の米軍基地と同様な使用条件がついていても特に支障はないと米軍が判断した結果だと推測される。それに対し、これら三カ所では支障があると判断されたのであろう。理由は、他の基地では行わないような訓練が実施されるからではないか。

6 キャンプ・シュワブとキャンプ・ハンセンにおいて使用する兵器を「水陸両用師団が通常装備する一般範ちゅうに入るもの」と定めている。加えて、他の訓練場においては「通常訓練兵器」「通常弾」などが使用されると定めている。今回の公開文書では、新たな兵器は記述されていない。明確に核兵器に分類される兵器を除く兵器、つまり通常兵器のすべての種類の使用が認められていると考えられる。

7 そのほかに、劣化ウラン弾事件で問題となった鳥島射爆撃場において、他の基地には見られない用語がある。「廃弾処理が実施される」とは何を意味するのか。他の基地で記述されている「爆発物処理」(英語では、explosive ordnance disposal だが)という用語と「廃弾処理」とは何が異なるのか、不明だ。「五・一五メモ」の英語での全文が、紹介されていないので、英語表記については確認できない。

8 今回の公開文書で明らかになったことは、基地内に地位協定第二条四項aに基づく米軍管理共同使用区域(米軍が管理し、米軍が使用しないときに日本政府が共同使用できる)がある場合、米軍は地位協定第一八条に定められた賠償責任を負わないとなっていることである。この米軍管理共同使用は、そのほとんどが基地内に設置されている沖縄電力のユーティリティー施設の保守、検査のために同社の職員の立ち入りを認めているために設定されている。許可を受けて基地内へ入ったこれらの者が米軍の活動によって被害を受けたとき、米軍はその賠償責任を負わないとされる。地位協定第一八条によれば、公務中であって米軍に責任があれば、米軍は賠償金の七五%を分担することになっている。この規定は、それよりも米軍にきわめて有利になっている。

9 今回の公開文書では、キャンプ瑞慶覧には、基地間ケーブル・システムのターミナルがあって、各基地間をつないでいることが明らかになった。また、キャンプ瑞慶覧には、海底ケーブルが陸揚げされている。何のための海底ケーブルなのか、疑惑をもたざるをえない。いずれも、いわゆる軍事機密に属するのだろう。

10 今回の公開文書では、それぞれの基地の使用条件などの記述のほかに、基地の範囲をしめす境界図、水域の図、施設図面、基地マスタープランなどが別添されていることが記されている。

「五・一五メモ」には核兵器の再持ち込みや基地の自由使用を認める日米合意があるのではないかと、これまで言われてきた。現在まで公開された文書では、これらに関する記述はない。だが、少なくとも、この公開になった「五・一五メモ」を詳細に検討すれば、もっと基地の使用状況を把握できるだろう。それだけの情報が、この「五・一五メモ」には含まれている。

今回、「施設及び区域の個々の覚書」の全容が明らかになったので、関係の市町村や沖縄県庁が事件・事故の再発防止のための改善を要求する際に、具体的な措置を要求できるだろう。だが、同時に、政府からすると、合意事項を盾にしてこれからの要求を退ける根拠にもなり得る。日本政府が沖縄における米軍の活動に「一定の制限」を加えていることを示す材料にもなる。それは、すぐさま、「一定の制限」がどれほどのものか、議論の沸騰する個所である。

もし核兵器の再持ち込みや基地の自由使用を認める日米合意が存在するのであれば、合同委員会の合意文書ではなく、より高いレベル（外務大臣と大使、あるいは首脳）ではないだろうか。秘密は、当然のこととして、日米安保体制を支えるだけの内容であろう。それは、多分に、事前協議の抜け道、核の再持ち込みに関する合意だと思われる。

（初出＝「1〜3」「琉球新報」一九九七年三月一四日、一五日、一六日）

北東アジアにおける
米軍占領の現在的意味

5 —— Ⅱ・世界のなかの沖縄

UNITED STATES FORCES JAPAN FACILITY
UNAUTHORIZED ENTRY PROHIBITED AND
PUNISHABLE BY JAPANESE LAW
在日米軍施設
許可なき立入は日本国法令
に依り処罰される

本稿の目的は、軍事と経済とをどのように結び付けるのかを軸に、戦後東アジアの秩序の形成と発展について論じることである。アジアのなかで、戦後、大きな戦争が起こった。不幸なことだが、そのため、物理的暴力の極限としての戦争とは何かについて語る材料が数多く存在し、それらにふれる機会はある。しかし、同時に、戦争を経て経済的な豊かさを享受しているのも事実であろう。なぜ破壊する戦争が行われても、経済的な豊かさを増大できるのか。この関係を軸にして東アジアにおける戦後の歴史の再構成が可能となりうるのではないかと考えた。

1 戦争と経済

人類は、これまで多くの戦争を繰り返してきた。二〇世紀に入ってからの戦争は、単に軍事力だけでなく、人的資源、経済的資源、威信、理念などすべての資源を投入しての総力戦であり、未完の国民国家同士の生き残りをかけて行われてきたといわれる。特に、二つの大戦は、その典型例だ。それらは、革命と戦争とを通じての破壊と建設の繰り返しでもあったといえる。

第二次大戦後の世界を覆うことになる冷戦も、二〇世紀における戦争のもう一つの形態といえる。米ソを極として展開した冷戦は、両者間の直接的武力衝突を回避しながらも、軍事、政治、外交、経済、イデオロギーなどのさまざまな場面で対立をしてきた。だが、恒常的に徹底した対立状態が継続したのではなく、実態は緊張と緩和の高まりを繰り返してきた。それは、長期化に耐え得る体制の構築をなくして可能ではないことを意味している。つまり、冷戦とは、これまでの戦争と異なり、体制そのものが戦争を軸に構築されてきたといえる。核戦争のような体制そのものを揺るがす戦争はしないが、国内体制、あるいは同盟国同士の内部構造は、戦争を前提にして作り出されてきた。「内なる戦争」を自ら抱えて、それなくしては成り立たないのが、冷戦体制であった。

戦時とは、平時と対をなす言葉である。それは、平時を基本とし、戦時が臨時的にあるというイメージを与えてきた。戦争が、外交的手段の一つと考えられていた一八世紀以前のヨーロッパ世界での考えを引き継いでいるのだろう。

冷戦は、第二次大戦の延長としての戦時体制が恒常化した状態だといえるだろう。恒常的状態には、瞬間的な力ではなく、継続する力が要求される。その意味で、効率性が中心的な考えとなる。日常生活の破壊と建設という視点でみると、戦争とは破壊の極致なので、建設への効率はゼロを越えてマイナスをさす。生産という視点でみると、戦争の目的に合致すれば、最も高い効率をみせる。なぜならば、戦争目的以外の要素は無視できるためだ。例えば、軍事予算の獲得だけでなく、国民の動員、情報や経済の統制など、いわゆる「市場が価格を決める」という古典的で自由主義的な考えの下での活動がすべて規制される。二〇世紀以前のヨーロッパ世界でさえ、こうした「自由」が存在したわけではない。ましてや、市場への参加の機会をもたなかった非ヨーロッパ世界において、「自由」がなかったのはいうまでもない。

二つの大戦が起きた二〇世紀前半は、依然としてヨーロッパを中心とする世界での戦争であった。冷戦の時代では、戦争が世界中に拡大されたという特徴以外に、軍事力、イデオロギー以外の諸側面、とくに経済の戦時体制への組み込みが重視されたのであった。

2　戦後の東アジア

一九四五年の北東アジアは、廃虚と化した。それは、風景が爆弾によって変わったというだけでなく、それまであった社会秩序が失われていったことも含まれる。戦闘が終了すれば、秩序の再構築へ取りかかる。日本本土の場合、戦争を終わらせることになるポツダム宣言の受諾を行う主体が日本政府であったことは、戦後秩序の形成・維持の主体として日本政府が存続することを意味した。それに対し、朝鮮半島では、日本の植民地としての統治機構は瓦解するけれども、四五年八月の段階で秩序形成する主体の登場が遅れていた。遅れた理由は、いうまでもなく、日本に隣接する地として、また満州という新たな植民地への回路としてすすめられた日本の統治による結果にある。台湾も、日本支配の崩壊によって、新たな秩序形成への見通しのない混沌とした状態となった点で、朝鮮半島と同様だっただろうと考えられる。

米軍による占領という点に関し、沖縄は、ある意味で朝鮮半島における秩序再形成の先行例となる過程を経ていくことになる。その先行例となる条件は、米軍が上陸したこと、日本軍との戦闘が行われたこと、そして日本軍に勝利して占領が行われたことである。沖縄戦は、多くの沖縄の人々を巻き込み日米双方に激しい人的消耗を与えたばかりでなく、統治機構そのものの破壊をもたらした。その結果、単独で占領した沖縄において、四五年八月の日本政府の降伏後に、秩序の回復が米軍政の主要な課題となる。米軍のとった沖縄内の秩序形成は、日本の統治機構の復活という方法が取られる。米軍の直接統治が布かれた沖縄では米軍の下位組織としての沖縄の人々による政府が設置される。強い中央集権的であった日本政府の位

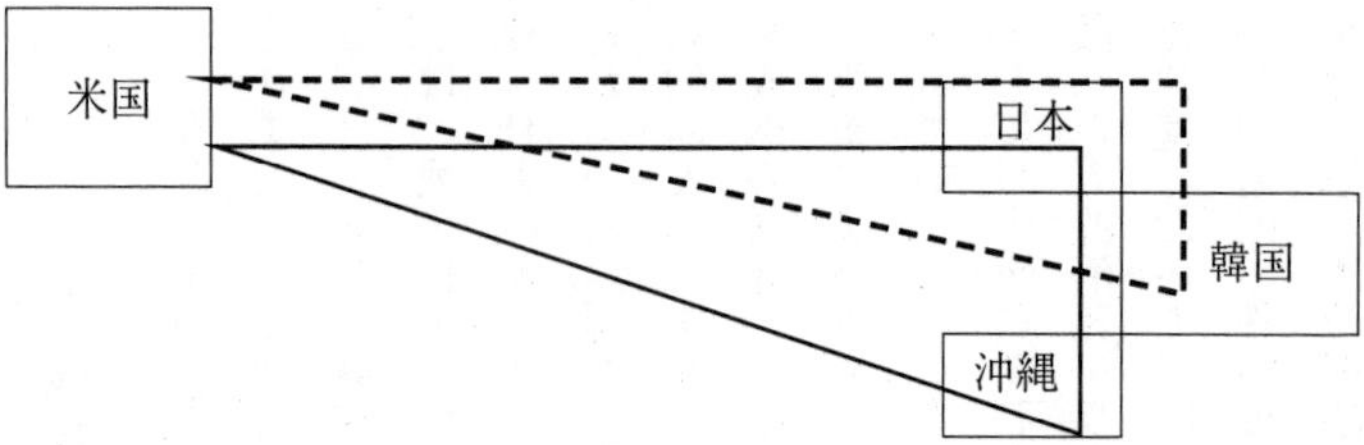

置に米軍（具体的には米軍政府）が取って代わり、日本政府（実質的に内務省）の末端統治組織であった沖縄県庁と同様な役割を担う沖縄の政府を設置することになった。このような旧統治機構の利用という点で、沖縄が朝鮮半島での米軍占領の先行例となるのである。だが、単独で、しかも既成事実として占領であったのかという点で異なり、朝鮮半島は沖縄とは別の道を歩みはじめる。

以上の点は、あくまでも米軍占領という視点からであり、例えば、ナショナリズム、独立、日本との関係、とくに内地、外地という日本の統治システムの点からみると異なる評価が可能だ。

一九四五年から五〇年までの朝鮮半島での情勢の変化は、米国、ソ連、中国だけでなく、日本、沖縄、朝鮮半島の人々の将来に、影響を与えていく。その大きな結末が、朝鮮戦争であった。戦争への過程については優れた研究があるのでそれらを参照することにして、本稿では、五三年七月の朝鮮休戦協定の前後、つまり南北の対立が固定するあたりから、米国、韓国、日本、沖縄がどのような関係を形成していくのかに焦点をあてる。

結論を先に述べると、これらの関係は二つの相似する三角形の関係にある（図参照）。破線で結ばれた米国、日本、韓国の三角形。実線で結ばれた米国、日本、韓国の三角形。軍事と経済のむすびつきから、これらの三角関係が説明できよう。説明の順序として、米国と軍事占領の方針とこの占領コストについて述べる。

米国の場合（他の国の場合と同じではない）、占領地域のすべての権限は現地で占領する軍隊が持つのであるが、占領の方針、占領の費用は、本国政府で決められる。占領当初は、戦闘の継続という性格が強いのは当然だが、時間的経過に伴って統治と秩序へ向かう。当然、経済コストが付きまとう。つまり、統治や秩序とコスト、特に経済コストとのバランスが問われてくる。

3　ニュールック戦略の登場

東アジアへ最も影響をもたらしたのが、一九五三年に登場したアイゼンハワー政権によるニュールック戦略である。公式的には一九五三年六月の米国の国家安全保障会議で作成されたNSC153/3という番号のついた文書である。内容は、ソ連陣営の強大化とその攻撃的政策、これに対抗するコストを負担する米国経済の深刻な弱体化という、「外」と「内」の危機に対する均衡ある戦略が必要だとされた。その中心に据えられるのが、当時、米国が圧倒的優位にあった核戦力であった。「外」に向けては、ソ連に耐え切れないほどの損害を与え得る核攻撃力を維持、強化して、侵略を抑止する一方で、軍事物資の備蓄を必要最小限に減らし、軍事目的の経済統制を緩和することであった。「内」に向けては、冷戦が長期にわたるであろうから、米国の健全かつ強力な経済の維持が不可欠だとされ、そのための財政・金融政策の重要性が強調された。

「外」に向けての戦略は、核戦力、同盟、心理戦、隠密行動（covert operations）、交渉の五つから構成されたと指摘されている。戦略のコスト削減を図るために、こうした多様な手段が組み合わされたのであった。これらは、核戦力が対ソ戦略の中心となったもの、地域紛争は、同盟国との垂直的分業体制を必要とすることになる。この戦略の下で、米国は同盟国に対し、紛争地域への介入拠点となる基地と、それぞれの地域で即応戦力となる同盟国の地上軍部隊の提供を求めた。前者は、沖縄での基地拡張へと具体化する（基地拡張は、沖縄の人々の島ぐるみ闘争を引き起こす）。後者は、韓国軍の兵力強化となって現れる（韓国における開発独裁への道が始まる）。

「内」に向けた健全なる経済への道は、国防予算の削減、兵力の削減、そして自由貿易の推進、市場の拡大へと展開していった。それは、同盟国への援助の削減を可能にすべく、国際分業体制を進めることであった。米国の国防費の減少は、同盟国の軍事費の減少とはならず、むしろ基地提供コスト、自国軍の増強によって増大を招くことになった。

そこから、日本、韓国、沖縄と米国とのそれぞれの関係は、米国を「扇の要」として二国（沖縄は国家ではないが、日本と沖縄との関係を一層切り離す）関係を強化することにより、明白な分業化へと展開していった。日本の位置づけは、再軍備から政治・経済的安定へと変わっていく。また、韓国には、冷戦の最前線にある軍事優先の役割が与えられた。沖縄は極東における一大軍事拠点として拡張され、同時に占領コストの効率化を求める措置、米軍の発行した軍票のB円から米ドルへの切り替えが行われる。

軍事化する韓国を支えるのは、米国の援助であった。植民地の頃に日本の経済圏に組み入れられた朝鮮半島は、工業化への労働力や食料として米の供給地、そして日本製品の市場の役割を与えられることになる。日本の敗北の結果、日本（朝鮮半島自身を含む植民地）へ動員されていた労動者たちは「解放」されたものの失業者の大群となって朝鮮半島で溢れ出していった。日本からの物資を韓国へ運ぶ米国の援助は、一九四五年以前の経済の流れを支える役割を果たした。日本時代で伸びた韓国における流通業者の保護のためと同時に、韓国における工業化に当時の米国が消極的だった結果であった。米国からの援助は、韓国が日本から物資を購入する資金となり、日本の復興に役立つ関係を作り上げていく。この関係は、ニュールック戦略の下で、軍事的増強の役割を韓国に割り振った結果、韓国の工業化が遅れる背景となった。その代わり、日本の工業化が飛躍的に進むことをも意味した。

沖縄統治コストの効率化は、一九五〇年四月の米軍軍票であったB円と対米ドルレートの設定に際して現れた。当時の日本円が一米ドルに対し三六〇円であったのに比べ、沖縄で流通するB円は一米ドルに対し一二〇円に設定された。つまり、日本本土では輸出志向経済が目標とされたのに対し沖縄では明らかに輸入志向経済が取られるのである。日本の輸出品が工業製品とすれば、沖縄で輸入品を購入するための資金は、米軍基地での労働であった。米軍は、米軍基地を維持するための安い労働力として沖縄の人々を位置づけ、沖縄統治のコスト節約を狙った。沖縄への米国の占領地予算の割り当ては、一九五〇年にピークを迎えた。一九五二年の日本との講和条約発効に伴って、米国内での占領地への関心が失われるなか、沖縄統治の任にあった米陸軍の課題は、沖縄統治の法的な整備とともに安定的な統治コストの捻出にあり、その後の沖縄占領で米軍につきまとう問題であり続けた。

そこに、ニュールック戦略に基づいて、基地の拡張が行われたのである。それは、農業に依存する人口の多い沖縄で、基地のための土地の接収は沖縄の人々の抵抗に遭うことになる。この土地闘争が、米国支配への拒否と相俟って、沖縄全体に広がり、「島ぐるみ」闘争へと展開する。

その一方で米軍は、基地のもつ雇用効果と米国からの援助だけでは沖縄経済を支えきれないため、沖縄自身の経済開発の必要性を検討し始めた。為替レートに続く統治コストの効率化で、B円から米ドルへの通貨切り替えである。これによって外資導入が進められ、沖縄経済の再生を図る企てであった。その当時、米ドルは今以上に国際通貨として価値をもっていたため、沖縄で出回るドルをめざして外国資本が入ってくる、という仕組みである。外国資本も導入されたが、その多くは日本資本であった。むしろ日本製品が沖縄に溢れ出すことになり、沖縄では日本製品の市場化が進行する。これはドル切り替えの結果、起こったというより、B円時代でも輸入物資の多くを日本に依存していた延長で起こったことだといえるだろう。

日本と沖縄の経済関係は、基地建設ないし基地での雇用、援助によってドルを手にした沖縄の人々が日本製品を買って、ドルが日本に流れ、そのドルという外貨を得た日本は原材料を輸入して、工業製品を輸出する貿易立国を作り出していったのである。手にしたドルで外国製品を購入するようになった沖縄では、音楽や住居に加え、缶詰、コーラやステーキの消費量の多さなどを特徴とする戦後の文化（チャンプルー文化とも呼ばれる）が形成される。だが、日常の生活物資の多くは日本から輸入された。

4　冷戦後と南北首脳会談

韓国と日本、沖縄と日本、それぞれの「垂直」的な経済関係は、むしろ米国の政策の結果、生まれてきた。それは「冷戦」と戦う軍事という側面と市場経済の維持・拡大という健全な経済をめざした結果であった。その継ぎ目の亀裂に、これら相似する二つの三角形が生まれたといえる。

世界の重大な課題は、今、軍事と経済との結びつきを組み替える作業となっている。グローバリゼーションという言葉には、安定の維持、安全の確保も含まれている。冷戦の固いシステムであっても、軍事と経済はその結びつきにおいてさまざまな表情を見せた。柔らかいシステムが二一世紀に来るとすれば、大国主導ではない多様な軍事と経済の結び目を創造する必要があろう。

二〇〇〇年六月一三日、一四日の両日にわたる南北首脳会談によって、三八度線で分断された朝鮮半島をめぐり、韓国、米国、日本の同盟と北朝鮮（朝鮮民主主義人民共和国）、中国との関係が、新たな時代に突入したといえる。それは、五〇年続いた軍事対決姿勢から外交による対話、経済交流による安定への変化である。

南北首脳会談への期待は、韓・米・日の間で必ずしも一様ではなかった。韓国では、朝鮮半島の当事者、北朝鮮と同じ民族、そして金大中大統領の進めてきた「太陽政策」の成果として史上初の同会談への期待は高い。離散家族問題が示すように「血肉の情を分かち合える」べく、南北の平和統一への強い願いがあるからだ。

米国は、これまで米朝協議という場で北朝鮮との直接交渉のチャンネルをもち、九三年・九四年の核疑惑以来、朝鮮半島への深い関与を維持してきた。九九年に出たペリー報告に象徴される米国主導の米韓日の調整外交は、米国が北東アジアで最も重要な存在であることを印象づけた。その意味で、韓国が、ホットラインの設置によって、北朝鮮しかも金正日総書記との直接的な対話チャンネルをもつことは、予想されたこととはいえ、米国にとって関与の内容に影響を及ぼすだけに、慎重な対応に終始している。

首脳会談への期待において韓国と米国との中間にいるのが、日本である。昨年来、日本は、北朝鮮との間で国交正常化交渉に乗り出し、朝鮮半島への正式な関係国になろうとしている。それまでは、半島問題への関与を韓国から拒否され、さりとて米国への一方的支持だけを表明してきたわけではなかった。歴史的な問題（清算）、そして現在の安全保障（日米安保の拠り所）の行方、最も近隣の諸国との安定化などの関わり、さらに責任ある関係国としての振る舞いなどの点で、日本は立ち遅れてきた。だから、首脳会談が半島に平和をもたらすとして期待する一方で、地域に責任をもてる外交を展開する機会が制約されるのも明らかである。

5　南北共同宣言の評価

五項目にわたる共同宣言は、次のとおりである。

一、南北は国の統一問題を、その主人である我が民族同士でお互いの力を合わせ、自主的に解決していくことにした。

二、南北は国の統一のため、南側は連合制案と北側の緩やかな（高麗）連邦制案がお互い、共通性があったと認め、今後、この方向から統一を志向していくことにした。

三、南北は今年八月一五日（独立記念日）に際して、離散家族、親戚訪問団を交換し、（朝鮮戦争以降、スパイ活動などで逮捕され、韓国の民主主義に思想転向を拒否している）非転向長期囚問題を解決するなど、人道的問題を早急に解決していくことにした。

四、南北は経済協力を通じて、民族経済を均衡的に発展させ、社会、文化、体育、保健、環境などあらゆる分野での協力と交流を活性化させ、双方の信頼を固めていくことにした。

五、南北は以上のような合意事項を早急に実行に移すため、早い時期に当局間の対話を開催することにした。金大中大統領は、金正日国防委員長がソウルを訪問するよう丁重に招請し、金正日国防委員長は、今後適切な時期にソウルを訪問することにした。

以上の南北の合意は、これまでの南北間でうたわれた「自主的解決」原則の再確認である。この点は、積み上げられてきた南北の合意に正当性を与え、その上に新たな歩みを加えようとする南北の決意が見える。「太陽」政策で北朝鮮との対話と和平をすすめてきた金大中大統領のベルリン宣言の具体化として、八月一五日の離散家族再会に南北が合意した。共通の不幸に陥っていることからの脱却をめざそうというのだ。共通の利益に向けて、足並みをそろえることが出来ることを物語る。

注目すべきは二つある。南北統一の形態に言及して、韓国、北朝鮮がそれぞれ主張する「連合」あるいは「連邦」の共通性を軸とする方向を合意したことだ。南北それぞれが二つの案に共通した理解をもっているのか疑問が残る。それでも、歴史の転換をなすのは、南北のどちらかによる統合ではなく、それぞれの体制の内容に変更を伴いつつも南北の共存を前提とする平和的な統一をめざそうと合意したことである。「連合」ないし「連邦」の統一南北が、今すぐ誕生するわけではなく、これまで以上に忍耐と努力による合意の積み上げ作業が待ち受けている。

最大の難問は、合意ができても、何らかの進展への努力をいずれかが放棄することである。過去はそうだった。だから、対話チャンネルの維持は重要なことである。共同宣言に「早い時期の当局者の対話開催」そして、金正日総書記の「適切な時期のソウル訪問」が盛り込まれたのである。

二つ目の注目点は、経済交流と協力である。これらは、短期的には北朝鮮の食糧難や経済建て直しの救いとなり、長期的には異なる体制が共存するための「体質改善」を促していく役割をもっている。少なくとも、ドイツやロシアの例からすれば、体制の転換には莫大な財政的、経済的コストがかかっている。一つの屋根の下で住み分ける南北になるのであれば、経済交流や協力を通じて南北双方が信頼を打ち立て、それぞれの経済力をつけることによってより平和的な統一に近づくであろう。

だが、北朝鮮が経済力増大へ向かう道は、短期的には、韓国の同盟国関係へ影響を与える。つまり、米国の求める核・ミサイル問題、日本の求める拉致問題などでの北朝鮮に対する圧力が、韓国から漏れ出して、高まらないのではないかということだ。ここに米国、日本の懸念がある。

6　沖縄への影響

さて、首脳会談の結果が南北の平和と統一に向けて、今後、促進することになれば、沖縄ではどのような変化が起きるのであろうか。まず、在沖米軍の兵力構成への影響である。次は、日米同盟の内容の変化であろう。そして、基地と向かい合う沖縄の人々の対応である。

三八度線での緊張がなくなると、韓国駐留米軍三万六千の大半を占める地上戦闘部隊（米陸軍第二歩兵師団、二万七千）の大幅削減が浮上する。その際に、残される東アジアに展開する米地上兵力である沖縄駐留の米第三海兵遠征軍（一万七千）の処遇が本格的に検討されるだろう。唯一となる地上兵力のための基地を日本がこれまで以上に提供できるのか、日本の問題となろう。また、朝鮮半島への出撃を任務として嘉手納に配備されているF‐15戦闘機はどうなるのか。韓国での削減に伴って、空軍部隊の嘉手納への移駐となるのか。さらには、ポスト朝鮮半島にも対応する遠征航空部隊（ＥＡＦ）への再編を急ぐ米空軍にとって、嘉手納では韓国からの爆撃機や偵察機を受け入れて、現在配備の戦闘機、給油機との一体編成となるのではないか。ＥＡＦはすでにコソボにも投入されており、嘉手納での再編は日米同盟の適用範囲拡大を引き起こす。沖縄の人々は、整理縮小を唱える基地の「消極的」容認姿勢から、どこまで「積極的」容認に変われるのか試されるだろう。

巨額な振興策に慣れてきた現時点で、沖縄での基地のみの受け入れは無理だろう。「振興漬け」の沖縄で、抵抗力が乏しいのも事実だ。

共同宣言にうたう「連合」あるいは「連邦」に向かって南北統一が、大きく前進し実現する場合、中台関係を残し、アジアの冷戦環境は崩壊する。そのときに、新たな国際秩序のなかで沖縄（日本本土も含め）の米軍基地に「積極的評価」を与え、現状を維持するだけの合理的な説明を行えるだろうか。それは、基地提供の任にある日本では、当然、議論されるべきだろう。また、その南北統一による新たな東アジアの平和的安定への日本自身の貢献も問われる。

短期的には、北朝鮮と韓国の経済交流が今後、本格化するとき、沖縄経済はそれに乗れるのか。中国の市場開放や好調な台湾経済の機会を有効に生かせなかった教訓を刻み、「平和の発信」という合言葉から脱して、市場経済体制の沖縄が貢献できる経済的な相互利益の機会を増やせないだろうか。

（初出＝『情況』八・九月合併号、情況出版、二〇〇〇年八月一日発行）

「二〇〇〇年米国防報告」を読んで

政策左右する予算／兵士の生命も国防費頼み

政策の実施は予算に裏打ちされていなければならない。たとえ、ある政策目標を掲げてもそれを実行に移す手段、つまり費用が計上されていなければ「絵に描いた餅」になる。

二月七日に公表された「年次国防報告」は、その副題が示すように、国防長官から大統領と議会へ送られる。同報告の主な役割は、予算の承認を得るべく、議会におけるクリントン政権下の国防政策への理解を得ることにある。それは、憲法で政府の財布は議会が握ると明記されているからだ。一般に国防費と称されるが、実際には主に国防権限法、国防予算法、軍事建設予算法の三つから構成される。国防権限法とは国防政策の方針や具体的目標を記し、予算法は国防省の実際の予算を示し、軍事建設予算法は実際に建設される施設などの予算を示す。

例えば、海外での紛争に米国が介入する場合、議会は新たな予算支出を承認するかどうかで、行政府の進める武力行使を左右できる。いうまでもなく、議会において新たな予算が認められない場合は、米軍は撤退することになる。予算案の否決は具体的に兵力、武器弾薬の補給・支援が途絶えることになるからだが、介入の正当性を認めないという議会の意思表明だ。新たな予算を必要としない武力介入は小規模で短期的になるが、行政府の主導で実施され、終了する傾向にある。

一九九〇—九一年の湾岸戦争の場合、湾岸への展開に必要な新たな予算案が議会で審議されるころまでに、当時のブッシュ政権はサウジアラビア周辺に五〇万の米軍を配備していた。この段階で、戦争にかかわる予算を拒否することは議員たちに難しくなっていた。理由は、いつイラクが攻めてくるか分からない状態で、予算を認めないことは配備された米兵への兵站・補給を断つことになり、有権者の息子、娘たちを見殺しにすると考えられたからだ。

米国の会計年度は毎年一〇月から翌年九月まで。新年度に向けての予算編成作業は上院本会議で行われる一月末の大統領の一般教書演説（今年（二〇〇〇）は一月二七日に実施）からスタートする。「一般教書」とは、首相の行う「施政方針」演説に相当する。大統領の方針が示され、各省がそれぞれの基本政策実現に向けた予算獲得をめざす作業を開始する仕組みだ。

すべての法律は議会で作成されるので、制度上、行政府が介入することはできない。だが、ホワイトハウス以下各省は、それぞれの要望に近い予算が出来上がるよう議員を通じてさまざまな支援、協力を行う。会期中ならいつでも、新たな（追加的な）予算案だけでなく、さまざまな法案が議員によって提出される。

国防省は、同じ日に、同報告以外に国防予算案、軍事建設予算案を発表している（インターネット上の国防省のホームページでだれもが読める）。ここで「発表」は議会に向けた国防省の要望する予算案メッセージである。実際の法案は議会で作られるからである。その意味で、米政府に政策転換を促そうとすれば、議会へ働き掛けるのは有効な手段となり得る。

沖縄基軸に前方展開／北朝鮮が最大の危険要素

三五一ページにわたる同報告は、本文と付録文書・統計からなる。本文は二〇六ページ。一七章構成。軍事戦略、軍事的必要な能力・装備などに関する基本的なものから、国防省の改革、財政管理システム、調達改革、インフラ、軍需産業にいたる広範な分野にわたる記述となっている。

そのなかで、東アジア、日本、沖縄にかかわる部分を取り上げてみよう。既に述べた理由を反映して、同報告でこの地域に関する記述は多くはない。同報告が議会向けの文書であるからだ。二〇一五年までの長期戦略を提言するQDR（四年ごと国防見直し報告で一九九七年に作成された）の方針を受け継いだ内容となっている。その意味で新鮮味に乏しい。むしろ、当然な結果としての報告書の内容である。

前方展開戦略を米戦略の基本の一つとする位置付けは変わらないものの、いくつかの前方配備の方法を述べている。恒常的な兵力配備、ローテーションによる前方配備、臨時的な前方配備、インフラ（施設の確保）、など四つをあげている。

例えば、通常、採用されているローテーションで、海兵隊は沖縄に地上兵力（キャンプ・ハンセンやキャンプ・シュワブにいる海兵連隊）や航空兵力（普天間飛行場のヘリコプター部隊）を配備している。また、恒常的に沖縄に空軍（嘉手納基地）や陸軍（トリイステーション）など部隊を配備している。これらは、前方展開の固い（しんの）部分をなしていることを裏付ける。

短・中期でみると北朝鮮が最大の危険要素であると強調する。韓国、オーストラリアと並ぶあるいはそれ以上の同盟国として日本への期待は強い。

また、アラスカを射程に入れるテポドン二号ミサイルの発射実験がいつでも行われる状態だとして、TMD（戦域ミサイル防衛）を中核とする国家ミサイル防衛計画の推進を提唱する。二段ロケットのテポドン二号が三段ロケットへと開発されれば、米本土もその射程に入るとする点は、議会の注目をあびることを計算したのだろう。さらに、二〇〇三会計年度に航空母艦コンステレーションが退役すると、通常型推進はJ・F・ケネディと横須賀を母港とする航空母艦キティホークの二隻になる。キティホークは二〇〇八会計年度に退役する。一二隻の航空母艦体制を維持する海軍は、その代わりに核推進型航空母艦を就役させる。そのとき、横須賀へ核推進航空母艦が母港化する可能性は高い。

予算が削減される場合に、最も標的とされるのが基地建設費、住宅建設費であり、次に人件費、作戦および訓練維持費(O&M)となる傾向がある。削減幅の小さいのが研究および開発(R&D)、調達である傾向がある。

今回の同報告では、給与、年金の増額に並んで住宅手当の拡大を強く訴えている。思いやり予算による基地内の家族用住宅の建設は、米軍にとって大いなる日本の貢献といえるだろう。また、住宅以外の基地内の施設改善、維持費の日本負担は、ますます日本への依存を高めることになろう。

(初出=「上・下」「沖縄タイムス」二〇〇〇年二月一四日、一五日)

南北首脳会談合意を受けて

――対立から平和共存へ

クリントン政権下で九〇年代以降の米国の軍事戦略は、それまでの対ソ全面戦争から二つの大規模な地域紛争（ＭＲＣ）に対応できるよう大きく変更された。二つの地域とは、中東であり、朝鮮半島である。一九五〇年の朝鮮戦争以来、軍事力を軸とした南北の対立関係は冷戦の主役を演じる米国、中国、ソ連の介入を受け、また近隣の日本もかかわり、現在なお継続している。

三八度線の非武装地帯を挟んで、北に一一〇万人、南に三万六〇〇〇人の米軍とともに六八万人の兵力が対峙している。そこへ、二〇〇〇年四月一〇日、韓国と北朝鮮（朝鮮民主主義人民共和国）の首脳会談開催に両政府が合意したと報じられた。予定通りに実現すれば、五〇年にわたる朝鮮半島の歴史で初めてのことになる。

二〇〇〇年六月の金大中大統領と金正日総書記による南北首脳会談は沖縄に存続する米軍にどのような影響を与えるのか。なぜなら、米政府は沖縄に米軍基地を置く理由の一つに朝鮮半島の安定をあげてきたからだ。緊張の走る中台関係も、前方配備につく沖縄の米軍にもその存在根拠を強めつつある点も見逃せない。独立を志向する政党に所属する陳水扁氏が台湾の総統に選ばれ、台湾海峡を挟んでの両岸関係が新たな事態に突入しつつある。

朝鮮半島、台湾海峡では、これまでの冷戦構造に変化の兆しが生まれていると言える。いうまでもなく、これらの変化が直ちに武力衝突や平和的解決へと結び付くことではない。むしろ、こうした変化が、米ソ冷戦が終結して後も、対立構造の残るこれらの地域の将来を左右していくことを見定めつつ、どのように平和な地域を作り出すのか、この地域の一員としての私たちの課題である。

南北の首脳会談開催そのものは、対立から平和共存関係への転換の契機となるだろう。それが、米朝関係、日朝関係の進展を促進し、南北和解へと一気に進むと見るのは楽観過ぎるだろう。しかし、南北対立を自らの手で主体的に取り組もうとする姿勢は評価され、尊重されるべきだ。長期的な視点に立てば、朝鮮半島の平和は沖縄の米軍基地の存在理由を失わせるだろう。全面的ではないにせよ、少なくとも東アジアでの兵力構成は変化せざるを得ない。具体的には朝鮮半島での大規模地域紛争に対応する兵力の削減だ。つまり、沖縄においては海兵隊の地上兵力の大半、そして補給・兵站基地がその対象となろう。

前方展開戦略を維持する限り米軍は、沖縄も含め日本において航空基地と海軍基地の確保に努めるだろう。もちろん、在韓米軍も変化する。板門店周辺を守る二万七〇〇〇人の米地上兵力が削減の対象となろうが、その幅は南北の統一実現の時間や空間の程度に左右される。

もし朝鮮半島において韓国による統一が実現したとき、韓国は中国と国境を接することとなり、在韓米軍の存在をめぐって、直ちに紛糾する争点となるに違いない。つまり、この地域における中国の存在をどう評価するのかにかかわっている。必然的に中台関係は言うまでもなく、日中、米中のそれぞれの関係が、そのときにどうなっているのかによる。

東アジアでの二つの地域でおこる変化が、米軍だけでなく、経済的にも沖縄に影響を与えるだろう。南北や両岸との沖縄の経済交流の長期展望は欠かせない。コンピューターやインターネットによるこれらの地域の経済成長ぶりは目覚ましい。ＩＴ革命が最も押し寄せているのが韓国、台湾だということだ。米軍削減は、軍事的な要請だけではなく、経済・社会的要求に対応している。

（初出＝「沖縄タイムス」二〇〇〇年四月一三日）

新ガイドライン関連法と沖縄

6—— Ⅱ・世界のなかの沖縄

「ガイドライン論議」のために

三〇年前の密約

一九六九年一一月一九日、沖縄施政権返還を決める日米首脳会談において、当時の佐藤栄作首相とニクソン米大統領との間で、緊急事態の際に沖縄への核兵器の再持ち込みと通過権を認める秘密合意議事録が作成・署名されたという。一九九九年一月一一日付の朝日新聞は、この核密約文書が米国の国家安全保障局（NSA）に保管されている、と報じた。

核密約の存在については、当時のキッシンジャー特別補佐官と文書作成に関わった若泉敬氏が一九九四年に出版した『他策ナカリシヲ信ゼント欲ス』にて明らかにしている。若泉氏によれば、密約については佐藤は「ちゃんと処置した」とし、日本側にて保管されるはずの密約文書を廃棄したことをほのめかしたという。

密約は、一九七二年の施政権返還までに沖縄の米軍基地の核兵器を撤去するが、緊急事態での再持ち込みと通過を日本が認める、というもの。さらに当時の沖縄で核兵器が貯蔵されていた嘉手納、那覇、辺野古およびナイキ・ハーキュリーズ基地をいつでも使用できるよう維持し、重大な緊急事態には活用できるようにする、と加えている。この二点について佐藤が、日本政府は事前協議において遅滞なくそれらの必要を満たす、と約束したのである。

沖縄の施政権返還を要求する声が高まる当時の日本では、「核抜き、本土並み」が世論の中心だった。「核抜き」とは、沖縄からすべての核兵器を撤去すること、「本土並み」とは、日本本土に適用されている安保条約、地位協定を沖縄にも同様に当てはめることであった。返還前の沖縄に米軍が核兵器を持ち込み、配備・貯蔵してきたことは幾度となく報じられてきたが、米軍が認めるような形で確認されたことはなかった。

私は一九九八年に、米陸軍が沖縄から核兵器を撤去する過程を記した公文書を米国立公文書館で入手した。それによると核兵器は、沖縄配備の高空用防空ナイキ・ハーキュリーズに搭載する核弾頭二五七個。撤去が計画された七一年の沖縄でナイキ用核弾頭が貯蔵されていたのは、那覇航空基地内の弾薬庫、辺野古弾薬庫、そしてナイキ発射基地であった恩納サイト、知念サイト、那覇サイトなどである。

同年一一月、米太平洋陸軍総司令官が沖縄からナイキ用核弾頭を航空機に積み込んで撤去する計画を承認。計画通りに撤去されたとすれば、同月二六日以降、沖縄に米陸軍の核兵器は存在しないことになる。

また、ナイキ以外で沖縄に配備された核兵器として知られていたのは、六〇年に配備されたメースBという射程二二〇〇キロ（中国大陸に照準）、無人誘導の有翼ミサイルである。当時の米空軍嘉手納基地を取り囲むように四つのメースB発射サイトがあった。六九年末、軍事的に旧式化したことに加え、「核抜き」返還のシンボルとして撤去された。米軍が撤去作業の一部を公開したため、沖縄に配備された核として知られていた。

沖縄には米陸軍以外に、空軍、海軍、海兵隊が存在する。一九七二年の返還前まで、弾薬庫をもつ空軍と海軍がそれぞれ沖縄に核兵器を貯蔵していたという疑惑がもたれてきた。今なお、その疑惑は晴れていない。陸軍以外の核はどうなったのか、確認されていない。

冒頭で紹介した核密約に明記された核の貯蔵場所には、ナイキ用核弾頭の貯蔵場所がすべて含まれている。撤去計画に上らなかった嘉手納弾薬庫の核兵器はどうなったのか。大きな地域紛争に対処できる規模をもち、現在でも使用される嘉手納だけに、疑惑は広がるばかりだ。また、化学兵器も返還前まで貯蔵されていたという証書が公文書でも確認されている。今後の検証を待ちたい。

ところで核密約は、現在の日米同盟にどのような意味があろうか。核の再持ち込みを認める「重大な緊急事態」とは、日本への武力攻撃（日本有事）あるいは日本の安全に重要な影響を与える事態（周辺有事）をさす。七八年の旧ガイドラインそして九七年の新ガイドラインにおいて日米が合意する以前に、佐藤・ニクソンの核密約によって、少なくとも沖縄への核の再持ち込みが認められている。

核密約以後、米政府（特に軍部）は日本政府に対し、核兵器以外でのさらなる協力を求めてきた、と言えるだろう。新ガイドラインでは、政府による米軍への踏み込んだ協力がうたわれている。今国会にて審議されているガイドライン関連法案が可決されれば、日米の安全保障関係は沖縄返還以来の大きな展開となる。日本人自身がこの転換点をどれほど自覚しているのか、疑問だ。

（初出＝「上・下」「東京新聞」一九九九年二月一七日、一八日）

新ガイドライン法と沖縄

一九九九年一月から始まった国会で審議されてきたガイドライン関連法案は、四月二七日に自民、自由、公明の賛成により衆議院を通過した。参議院に送られて、五月中に成立する見通しだ。

その審議過程を見て、当初からほぼ法案そのものの通過は決まった印象をぬぐえなかった。少数政党の社民、共産を除き、野党の大きな勢力である民主、公明が議場の内外で、「国会承認」、「周辺事態」(そして「安保の適用」)、「国連決議」などの条件を公表して、それに対し政府・自民、自由が修正案で対抗する形で展開した。

手続きを論点の中心に展開する国会審議、苛立ちながらも問題の指摘に苦慮するメディアの報道に反して、国民の関心が低調に思えるのは、なぜだろう。まず指摘すべきは、日本を守るとは何かという基本的な安全保障政策論争の欠如である。そして、軍事力だけでなく政治、外交や経済とを組み合せて、どのように日本を守るのかという方法論の欠如である。さらに、日本を含む北東アジア（広く捉えてアジア太平洋でもいい）の平和と安定に向けて、二一世紀における日本自身が果たすべき役割論の欠如、などである。

ガイドライン関連法案を推進する者たちは、「日本有事」、「周辺事態（有事）」とは何か、基本的なことを議論しなかった。「弾が飛んできたら、攻撃を受けたら、どうする」というフレーズの繰り返しだった。反対する者たちの多くは、このフレーズへの明快な反論を持ち合わせていなかった。「戦争に巻き込まれる」恐怖をかきたてる論法で応酬した。

一九九八年八月の北朝鮮のテポドン・ミサイルの発射実験は、日本国内において軍事力だけが頼りだとする拙速な「有事」感覚をかきたてるのに十分な効果をもっていた。

九〇年代の日本において、軍事力（自衛力と言い換えてもいい）で日本を守ることは当然だとする合意が国民の間にほぼできているといえるだろう。非武装中立により日本を守るというかつての議論は国民を魅了しないのである。「日本有事」の際にすべきことについて、国会の場で議論が戦わされたことはないが、今、大きな政党の間での異論が少ないのではないか。

そうした雰囲気のなかで、「日本の平和と安全に重要な影響を与える事態」を「周辺事態」と捉えるならば、日本が米軍へ協力することに反対する議論を展開するのは困難だ。国会においてガイドライン法案に抵抗する具体的方法は、軍事力の一人歩きに歯止めをかける手続き論に終始せざるをえないかもしれない。

今もっとも必要とされているのは、国民に関心を引き起こせるだけの二一世紀に向けた安全保障構想である。野党はそれぞれ基本的な安全保障政策を明確にしない限り、実質的なガイドライン審議のための論戦を張れないのである。沖縄に米軍基地を集中させて日米安保体制を維持してきた日本の基本的な安全保障政策を問うた九五年秋以後の「沖縄問題」から、政府・与党も野党も何も学んでいなかったのであろう。

確かに、米軍への日本政府の協力が「有事」の際には不可欠であろう。同時に、「有事」に向けての対米軍支援そのものが紛争拡大を招く契機をはらんでいることも知っておくべきである。「周辺事態」から「日本有事」へと結びつくのだと安易に考えてはならない。むしろ、「周辺事態」を招く環境を取り除く政治的、外交的、経済的努力を怠ってはいけない。ガイドラインのいう「事態」が起こるには、それなりの過程が存在するのだ。

その過程において、これらの「事態」を誰が判断するのかという難問が待っている。この難問を少しでも解きほぐすため、国会の慎重で冷静な判断力が必要となる。ガイドライン関連法で手続きを作っても、国会が「事態」の性格について判断ができなければ、無意味なだけでなく、ときには危険ですらある。だからこそ、政党自身の安全保障政策を鍛えておく必要があるのだ。「弾が飛んできたら、どうする」式の議論は、冷静で慎重な思考を停止させるばかりでなく、地域の緊張を無自覚のままに自ら高めてしまうのである。

そこには、米軍の活動を日本政府が総出で支援するということよりも、日本の主体的な判断が何よりも大切である。日本自身に「危険」が及ぶからである。犠牲を払ってでも守るべきものは何なのか、容易な議論ではない。いうまでもなく、北東アジアにおける平和を創り出すための日本自身の役割である。「日本有事」とは日本だけが危険にさらされるわけでない。「日本有事」や「周辺事態」が生まれるのは、物事の解決に向けて武力を用いるという転換がこの地域で行われるときである。日本は経済的繁栄を根底から突き壊すような武力行使を回避する国際環境を創り出す努力を払うべきである。それは、周辺諸国にとっても、日本にとっても益はすこぶる大きい。周辺のアジア諸国から信頼に足る日本になることが、軍事力より効果のある安全保障政策ではないだろうか。

ところで、「日本の平和と安全に重要な影響を与える事態」や「日本が攻撃される」事態は、どのようにして生まれるのか。そして、こうした「周辺有事」や「日本有事」の進行する過程において、「日本が攻撃する」事態はないのだろうか。

日本の対米軍支援によって益を受ける韓国軍ですら、ガイドライン関連法の成立によって自衛隊が対馬海峡を越えて朝鮮半島に入ることに強い拒否感があるという。冗談だろうが、自衛隊という日本軍が戦前に次いで「再び」やってくるのなら、北朝鮮と一緒になって日本軍に立ち向かうという話が公に出回っているという。中国が九六年の当初から日米間の「ガイドライン見直し」議論を批判してきたのは、台湾との統一という国内問題への日米の武力による介入を予期したからであった。

韓国、中国のこうした反応は、それぞれの歴史的体験からすれば、いわば予想されることである。これら二国以外にも、日本にかつて占領されたアジアの人々が日本への警戒感を強くするのは、当然であろう。日本経済の集中豪雨的な東南アジア進出を見たアジアの人々の間にある「軍事大国化する日本」というイメージが、日本のガイドライン関連法案の成立によって、一層膨れ上がることは想像するに難くない。だが、「日本イメージ」だけで説明するのは不十分である。

「武力攻撃が差し迫っている」という「日本有事」と「周辺事態」との区別は重要である。「日本有事」というのは、ある日突然やってくるものではない。そうした緊張は過程を経て高まるのである。その間に必要とされるのは高まる緊張を緩和させ、紛争へとつながらないような外交努力である。たとえ紛争へと着火しても、最小限の被害でとどめることに、武力以外のあらゆる努力を払うことである。両者の区別がつかないのは、日本だけが傍観者で、武力に訴えることが好きな国が事態を悪化させ、そして日本を攻撃するという現実には起こり得ないシナリオを前提にしているからである。

現実にあり得ないシナリオを信じ込む日本人たちに対し、平和と安定への真剣な努力を行わないという不信感をもつのである。つまり、緊張が高まるときに緊張を緩和させ、たとえ武力紛争へ移行しても最小限の被害に抑えようとする外交努力を、最初から放棄している、と。日本は周辺のアジア諸国から見ると自らが脅威感を与える存在であることに、敏感になるべきだ。

そうした日本に、「日本の平和と安全に重要な影響を与える事態」を「日本有事」へと悪化させないような努力を期待できるのか。日本人が標的になる「日本有事」を迎えるとき、日本人は自らの武力行使を抑制できるであろうか。「日本有事」を回避することに全力をあげるべきだろう。

こうしたガイドライン関連法が成立するであろう一九九九年は、戦後の米国統治時代の二七年と同じ時間に、復帰後の「日本時代」が達したことを意味する。戦前の「日本時代」を思い起こすと、沖縄の人々が日本の戦争に巻き込まれていったことは、兵士として戦争に加担していくことでもあった。

沖縄の人々は米国統治時代では支配の対象でしかなかった。今や、同じく政治参加の保障される日本国民として、対米軍支援を行うのである。このことの責任をどれほど自覚しているだろうか。

（初出＝「琉球新報」一九九九年五月一四日）

「事前協議」消えたガイドライン関連法

●――「米軍の悲願」日本が達成

ガイドライン関連法には、日米の事前協議という言葉は存在しない。米軍の基地使用に関し日本が「イエス」か「ノー」かを言える制度から、米軍支援を前提とする計画を日本政府が作り、「官民あげて」実施することへと変わった。

同関連法の核をなす周辺事態法は、どの時点から対米支援の行動を起こすのかを明記していない。同法によれば、米軍支援実施の基本計画の策定が、日本政府の最初にとる行動である。国会審議からすると、「米軍の要請」により日米での協議を踏まえてからとなっているようだが、法律上、どのような過程を経るのかは不明だ。

日本の国内事情に配慮

同関連法の成立により、米軍は在日米軍基地の自由使用を公に認められたばかりでなく、自衛隊基地や民間の港湾・空港をも使用できることになる。ある意味で、一九六〇年の安保改定時からの米軍の「悲願」を日本の手で達成したといえる。

事前協議制。米軍部隊の配備を変更する、核兵器を持ち込む、そして日本有事以外の場合の直接出撃のために在日米軍基地を使用する際、米政府は日本政府に対し事前に協議を行うことである。日米の「対等」な関係を形成するものとして、六〇年の安保条約の付属交換公文に記されている。

その背景には、日本防衛への米国の関与はないまま米軍の駐留権が一方的に確保されていた旧安保条約への日本側の不満、反米へと向かうナショナリズムの高揚があった。こうした日本の国内事情に配慮すべく、事前協議制は導入された。

米政府にとり、軍事的な観点から事前協議は作成行動への拘束要因として映ってきた。極東有事のとき、事前協議の場で日本政府が基地の自由使用を拒否するかもしれない事態を、米政府は恐れていた。

では、現在と同様に当時も東アジアの同盟国の防衛に関与し続ける米国が、なぜ、自らを拘束しかねない事前協議制を承認したのか。回答にあたる二つの米政府公文書が、このほど「朝日新聞」（五月一五日付、二三日付）にて明らかにされた。

六四年四月の国務省内部の文書は、六〇年安保改定時に作成された「朝鮮半島有事の際には事前協議を経ずして在日米軍を使用できる」という日米秘密了解の存在を明らかにする。また、その秘密了解を、日本国内への影響を考慮してその後も秘密にすべきだ、と記している。日本国内向けの事前協議制と米軍の自由使用を認める秘密了解とは、対の関係にあった。それは日米の「対等」な関係ではなく、米国の利害に忠実な日本政府を米国が支持する相互補完関係であった。

秘密了解では納得せず

七二年六月のロジャース国務長官にあてたレアード国防長官の書簡は、事前協議制についての国防総省の考えを物語る。同書簡で、国防総省は、政治的、軍事的理由、そして日米間の了解事項をあげて航空母艦ミッドウェーの横須賀母港化を事前協議の対象外とすべきだと主張した。

ここでの注目点は、事前協議制が将来の日米安全保障関係を構想する際に障害になることを見越して、今のうちに日米両政府間でこの制度の問題を取り上げていくべきだ、という国防総省の思惑だ。

二つの文書から、国務省と国防総省の事前協議制についての違いが浮き上がる。国務省は、朝鮮有事の事前協議適用除外という日米の秘密了解によって在日米軍の軍事的機能を維持しようとした。それに対し、秘密了解だけでは不十分とし、自由な基地使用が公式な形で保障されるよう国防総省は事前協議制の見直しを求めた。

米国防総省の要望を満たすかのように、二七年後に出来上がったガイドラインの関連法は、米軍基地の自由使用を日本の法律によって確保した。しかも、日本政府の後方支援という「おまけ」付きだ。

軍事作戦上だけでなく、今後は自衛隊基地の米国との共同使用が進むだろう。沖縄のように基地の存在が政治問題化すれば、米軍基地は表向き自衛隊基地あるいは日米共同基地へ変身するかもしれない。全国の米軍専用施設の七五％が集中する沖縄から米軍基地を数字上、削減する手段ともなり得る。また、県内移設先が決まらず宙に浮く普天間基地返還を促す代替基地の軍民共同使用が登場するかもしれない。

拒否も辞さない態度を

同関連法に基づく日本の対米軍支援とは、どのような場面なのか。例えば、小規模な紛争（戦闘状態）が朝鮮半島に限定して継続する事態が、戦闘区域外からの日本の米軍支援実施を可能とする「周辺有事」だろう。

もし一挙に大規模紛争へと拡大する朝鮮有事であれば、それは直接に日本へ武力攻撃となる「日本有事」へ結びつく。この場合、「周辺有事」である時間は短い。朝鮮半島情勢が不透明感に包まれているとき、「周辺」事態が生じることは多くの可能性の一つでしかない。

むしろ、日本政府の行う対米軍支援は、東アジアの日本の周辺地域よりも、日本自身への脅威の少ないより遠隔地での緊急事態への米軍介入に際して要請されるだろう。

これは国内的には「日本有事」を脅し文句にして、米軍支援を介在させながら、地域紛争への日本の介入機会を増大させることを意味する。ただし介入目的、目的実現のための能力、紛争終結への見通しなどを持たずに米軍の要請にこたえるのは、紛争の悪化を招きかねない。

冷戦後に多発する地域紛争への対処方法は、慎重で、忍耐強く、しかもそこに住む人々の承認が必要だ。米軍支援は可能な限り透明性を高めて国民の十分な理解の下で行われるべきであり、拒否をも辞さぬ責任ある態度と行動が日本には求められる。


(初出＝「朝日新聞」一九九九年六月九日)

新ガイドラインと海上基地

転換点・一九九六年四月

ここでの目的は、新ガイドラインがどのようなプロセスを経て生まれたのか、そしてそれが沖縄の「基地問題」とどのように関連しているのかについて検討することにある。

なぜ、新ガイドラインと沖縄の「基地問題」とを結びつけて考えるのか。それは「日米防衛協力のための指針（ガイドライン）の見直し」という表現が公式な形で使われる時期に関係があるからである。「ガイドラインの見直し」という文言が初めて公式文書に登場したのが、一九九六年四月一七日の橋本首相とクリントン米大統領の間で発表された日米安保共同宣言である。そして、普天間基地返還に日米両政府が合意したと発表されたのが、一九九六年四月一二日の橋本首相とモンデール駐日米大使の記者会見である。この二つの重要な日米合意の間には、わずか五日しかない。

一九九七年九月二三日、日米両政府はニューヨークで開催した日米安全保障協議委員会（ＳＣＣ）の場で、新たな「日米防衛協力のための指針」（いわゆる新ガイドライン）を決定する。この新ガイドラインは、一九九六年四月一七日の日米安保共同宣言を踏まえて、一九七八年一一月に日米間で合意された旧ガイドラインを改定し、その対象範囲を日本有事だけでなく周辺事態（有事）へと拡大し、具体的な協力例を明示している。

日米安保共同宣言は、もともと一九九五年一一月に大阪で開催されたＡＰＥＣ会議の際に集うことになる日米両首脳が日米安保に関して発表する予定であった。だが、米国の国内事情によってクリントン米大統領の訪日が急遽取り止めとなったため、同宣言は先送りとされた。ＡＰＥＣ会議後に公表された日米共同宣言案には、日米防衛協力について次のようにふれている。*

*「琉球新報」一九九五年一一月二一日付け朝刊第三面。

「両国首脳は、将来にわたってこの（日米両政府間の――引用者）対話を継続する必要性を強調し、両国政府による安保協力に関する見直しについて次のような認識とコミットメントを示した」として、同案は次のように続く。

橋本首相は、日本における米国の軍事的プレゼンスの維持に加えて、日米の「緊密な防衛協力関係」が日本の安全と地域の安全にとって中心的なものである、と強調する。また、同首相は、日米間の協力のもとにさまざまな安全保障への貢献を行うと同時に、日本が軍事大国にならないことを再確認する。これに対し、クリントン米大統領は「死活的な国益」のある地域の一つである東アジアに前方展開という世界戦略を行い、東アジアでの同盟関係を維持して「約一〇万人の兵力の前方展開を続ける計画」を表明する。加えて、在日米軍の兵力を四万七〇〇〇人だと明記する。

さらに同案では、「両首脳は二一世紀の安全保障計画の出発点として米国の『東アジア戦略報告』や近く発表される日本の新『防衛計画の大綱』を念頭に置きつつ、一層効果的な将来の安全保障のために安全保障政策の整合性を図る努力を続ける」という決意表明をすることとしていた。

つまり、一九九五年一一月の段階での日米安保共同宣言案にはどこにも「ガイドラインの見直し」という文言は存在していなかった。同案に登場する「安保協力に関する見直し」や「緊密な防衛協力関係」が「ガイドラインの見直し」に相当すると理解できるかもしれない。だが、なぜ「ガイドラインの見直し」という文言そのものが案に挿入されなかったのか。この疑問は、なぜ翌年四月に発表された日米安保共同宣言には「ガイドラインの見直し」が入っているのか、という問いを引き出す。この四カ月の間に何が日米間で起こったのであろうか。

沖縄で再熱する「基地問題」

船橋洋一氏は日米の同盟と外交の裏を描いた著書『同盟漂流』のなかで、一九九五年秋から翌年春までの間、日米安保「再定義」をめぐる日米間の駆け引き、沖縄での米兵による少女暴行事件に沸き立つ沖縄の「基地問題」、それに対応して普天間返還を軸に基地整理縮小を検討していた日米特別行動委員会（SACO）の中間報告、台湾海峡を挟んでの中台危機、そして日米安保共同宣言など、いくつもの奔流がもつれあいながら日米関係が進行していた、と述べている。* 同書によれば、一九九六年二月の米・サンタモニカでの日米首脳会談の場で橋本首相が普天間基地の返還をクリントン大統領に求めた、という。そして、橋本首相は普天間基地の返還という沖縄における米軍基地の「目覚ましい整理縮小」を行うことで、沖縄で燃え上がっていた「基地問題」に解決を見出し、基地の使用問題だけでなく日米安保そのものの維持を図ることができると考えていた、と説明している。**

*船橋洋一『同盟漂流』岩波書店、一九九七年、四八四ページ。

**同前、二二四－二二五ページ。

その結果、モンデール大使と肩を並べた一九九六年四月一二日の記者会見で橋本首相は普天間基地の返還合意を発表して、沖縄の「基地問題」に終止符を打とうとした。普天間基地返還の重要性を米側に理解してもらうことは、日米安保の「再定義」を推し進めることと同じ線上にあることだと橋本首相自身が説くことであっただろう。

普天間基地返還の発表から五日後の四月一七日、「ガイドラインの見直し」を含む日米安保共同宣言が発表された。つまり、日本側は普天間基地の返還を米側から得た直後に、米側は日本側から周辺有事の際の米軍への積極的協力への公式な約束を得るのである。

一九九六年二月のサンタモニカでの橋本・クリントン会談の場において、個人の考えとはいえ、間接的な表現で普天間基地の返還を橋本首相が切り出したことは、両政府が返還そのものの可能性を真剣に検討するスタートとなった。その結果、普天間基地を使用する米海兵隊がその返還に合意する条件とは何か、どうすれば条件を満たすことができるのか、普天間基地に配属されている部隊の移設先はどこにするかなど、さらに検討すべきことが明確になってきたのだろう。ペリー国防長官は、前年一〇月に海兵隊出身のアーミテージ元国防次官補と会って以来、沖縄の人々の要求にこたえるだけの「シンボリックな基地返還」つまり普天間基地の返還を検討すべきだとの認識にいたっていた。* その意味では、サンタモニカ会談以降、クリントン大統領の了解のもとで橋本首相の要望を受けたペンタゴン（米国防総省）** は大義名分を得て、海兵隊説得へと乗り出すことになったといえる。

*同前、二七―二九ページ

**普天間基地返還への合意形成については、宮里政玄『日米関係と沖縄』（岩波書店、二〇〇〇年）所収の「補論・普天間飛行場返還合意の政治過程」（三七一―三八〇ページ）が詳細に分析している。

このような状況のなか、日米両政府間で普天間基地返還と新ガイドラインとの間に密接な関係が存在すると見るのは不自然ではない。もちろん、この二つがある種の「取り引き」の対象となったとしても、日米両首脳が署名するような大げさな文書によって合意を残す必要はない。この二つの関係は、むしろ、日米安保の「再定義」をめぐる日米それぞれの安全保障担当者たちの間で共有されてくるある種の日米合意と見るべきだろう。沖縄のような個別問題への対処について日米双方で共通の認識をもちえたことは、新ガイドラインを軸に強化（「再定義」）される日米同盟が事務レベルでは実質的に築かれつつあったといえる。

だが、こうした日米同盟は完成の域にはまだ至っていない。なぜなら、事務レベルだけですべてをコントロールしえないのが日米の安全保障関係である。つまり、政治家はどのように関わるのか、法的に整備されているのか、国民は支持しているのか、制服の軍人たち、とりわけ米軍内部ではどのように見ているのか、などが重要な要素である。

一九九五年の沖縄でのレイプ事件以降、沖縄に再熱する「基地問題」に対処することになる橋本首相の登場は、政治家しかも政治家のなかのリーダーによる日米同盟への関与となった。国内問題としての「沖縄問題」を解決すべきだと考えた橋本首相は、日米安保「再定義」を積極的に推進し、日米安保共同宣言や新ガイドラインを生み出す政治家としての役割を果たした。そして自らの政権の緊急課題として有事法制の整備に取り組もうとしたにも関わらず、橋本首相は金融政策の行き詰まりから内閣を投げ出すことになった。

政治的課題としての普天間返還

一九九六年一二月に公表された日米特別行動委員会（ＳＡＣＯ）の最終報告で、沖縄本島北部にある米海兵隊のキャンプ・シュワブ沖に海上基地を建設して、普天間基地をそこへ移設する案が明らかにされた。すると、キャンプ・シュワブを抱える名護市では住民を二分するほどの激しい議論が沸きおこった。その結果、一九九七年一二月に行われた住民投票において、市民の過半数が建設には反対だとする意思を表明した。それを受けて、翌年二月には大田沖縄県知事も海上基地建設受け入れ拒否を表明した。

これまで明らかになった海上基地に関する米政府の資料（米会計検査局（ＧＡＯ）の報告書や米国防総省リポートなど）*によれば、普天間基地が約三〇〇機までの航空機を収容できるのに対し、その代替となる海上基地は約八〇機の航空機収容能力しかもっていない。また、普天間の滑走路が二七〇〇ｍであるのに対し、海上基地のそれは一五〇〇ｍと小型化し、長い滑走路を必要とする固定翼機よりも主としてヘリコプター（回転翼機）の運用施設として計画されている。

＊Department of Defense, “Sea Based Facility ; Functional Analysis and Concept of Operations, MCAS Futenma Relocation” FACD Vol.1 Executive Report (September 3, 1997).「琉球新報」一九九八年四月一五日付け第一面、「朝日新聞」一九九八年五月一五日付け第三三面、「沖縄タイムス」一九九八年六月一日から三日付け各第三面に同レポートに関する記事が掲載。

これらの資料によれば、米軍はこの代替海上基地を「海上基地施設（Sea Based Facility）」と呼ぶ。それに対し、日本では「海上へリポート基地」と呼び、基地の小規模さを意図的に強調しているようだ。またそれらの報告書によれば、米軍はどちらかといえば規模よりも基地機能に関心を払っていることが分かる。

こうした海上基地の機能を考えると、緊急事態には現在配備の六〇機の五倍以上の航空機を運用し、作戦に十分対応できるとされる普天間基地を手放して、約八〇機しか収容できない海上航空基地において米海兵隊の作戦機能を代替できるという判断が、どのようにして生まれたのか。

新ガイドラインに盛られた「米軍の活動に対する日本の支援」項目を思い出してみよう。補給、輸送、整備、医療、警備、通信などの後方支援と並んで施設の使用の項目がある。そこには、自衛隊施設および民間の港湾・空港施設の使用が具体的に列挙されている。これらの使用が日本政府によって保証される(具体的には日本の有事法制の整備を通じて)のであるということが米海兵隊にとって小規模な航空施設への移設の受け入れの背景にあったのではないか。

普天間基地の返還を求めたのが橋本首相だからこそ、同政権は新ガイドラインの実施をめざして有事法制の整備に必死だった。だが、自民党全体としては、有事法制の整備に向けて橋本首相ほど熱心ではなかった。不況や不良債権問題など日本経済が低迷するなかで橋本政権が求心力を失っていくと、橋本自身の「沖縄問題」への取り組みが鈍っただけでなく、自民党政権そのものが有事法制を彼らの課題から下ろしていった。「経済再生」内閣と自らを位置づけた小渕首相は「沖縄問題」や有事法制の整備へと政権を牽引するエネルギーをもちあわせていない。橋本政権から小渕政権への移行は、「沖縄問題」の解決を政治課題に掲げない政権であればあるほど、有事法制の整備にも関心を抱かなくなる関係を表している。

経済不況という国内事情だけでなく、伝統的に米国に対する防衛協力に消極的であった自民党内部の流れが強く出てきたといえるのではないか。米国が対日批判の際に使う「ただ乗り」である。つまり、安全保障の分野で米国の要求に対し最小限に応えるという戦後日本の保守政権に揺り戻りつつあるといえるだろう。「ただ乗り」から「グローバル・パートナー」への転換点となるはずの橋本・クリントンによる安保共同宣言が失速しつつある。

海上基地そして有事法制に熱心でなくなってきた橋本政権、続く小渕政権に対する米国政府の苛立ちは強い。沖縄の「基地問題」に関し、米海兵隊は文官（ペリー前国防長官やキャンベル国防次官補代理らに代表される）によるペンタゴン主導下から抜け出て、ペンタゴンを味方につけて米海兵隊自身の利害を全面に押し出そうとしている。

米海兵隊にとっての普天間基地

普天間基地の返還を米海兵隊の立場から検討してみよう。

基地を実際に運用している米海兵隊は航空施設の近代化の必要性を恒常的に感じているだろう。日本政府による施設改善整備計画（ＦＩＰ）の下で改装される普天間基地に比べて、米海兵隊の要望に十二分に応える高機能の基地が新たに建設されて提供されるのであれば、普天間基地の返還を受け入れることができるのではないか。基地機能を備えた最新の航空施設であれば、埋め立てであれ、陸上であれ、海上基地であってもいいはずだ。

もちろん、埋め立て、陸上、海上それぞれの案のなかでも米海兵隊にとって望ましい順位があるだろう。陸地の上であり、かつ住民地区上空から飛行コースまでの距離のある（周辺住民の視野から基地を隠す意味もあろう）埋立案を、米海兵隊は第一順位としていたのではなかったか。その次に、住民地区から離れる飛行コースの点で海上案と、施設の安定性から陸地の上という点で陸上案がそれぞれ並んでいたのではなかったかと思う。こうした優先順位は、沖縄における世論の盛り上がりに影響を受けて、次善の案へと入れ替わってきたと思われる。

例えば、普天間基地の県内移設先として地元紙で報じられたのは、空軍の嘉手納弾薬庫に隣接する海兵隊の弾薬庫（ASP-1）案をはじめ、嘉手納空軍基地への統合案、キャンプ・シュワブの埋め立て案などが浮上した。報道によれば、防衛庁や総理官邸が推す嘉手納の弾薬庫および飛行場への案は、すぐに地元自治体の反発にあって、頓挫した。その案がどの程度、日米両政府間、特に海兵隊や空軍が参加して検討されたのか疑問である。その後、県内移設が宙に浮くなかで、九六年九月に橋本首相が海上に航空基地を建設する考えを表明した。この海上案の候補地として最終的に日米で合意したのが、キャンプ・シュワブ沖であった。

また、二〇〇一年から二〇一四年にかけて米海兵隊が実戦配備を予定する新型垂直離発着機MV-22オスプレイの沖縄配備という課題があろう。沖縄での反対運動によって新型機の配備が政治問題化して、配備が宙に浮く状態が生じるかもしれない、という懸念があってもおかしくない。とりわけ、九五年九月の米兵による少女暴行事件以降の沖縄での反基地運動の急激な高まりを経験している海兵隊である。なおさら米軍は基地の政治問題化を避けたかったに違いない。だとすれば、住民地区から離れたキャンプ・シュワブ周辺の航空施設だと、周辺住民への被害の最小限化を約束する（防衛施設庁を中心に日本政府が地域住民への財政補助と説得を通じて）ことで反対運動のエネルギーを殺ぎ、新型機の配備を行えると判断したのかもしれない。

さらに、指摘しなければならない点は普天間基地そのもののもつ政治的欠陥である。市街地の真ん中に位置する普天間基地の場合、事故が起こったときの被害はいうまでもなく、その政治的影響は大きい。事故の程度によっては、沖縄にあるすべての基地（在日米軍全体に及ぶかもしれない）の撤去運動がおこるかもしれない可能性をいつも抱えている。理由は異なっているだろうが、事故による危険性のある普天間基地を放置できないのは沖縄県であり、日米両政府も同じである。

なぜ米海兵隊は普天間返還および県内移設を了解したのか。米政府内の動きを示す公文書などが公開されていない時点では、明確な証拠をあげて指摘することができない。しかし、以上指摘したことは、妥当な見方ではなかろうか。なぜなら、前方展開する沖縄配備の米海兵隊にとって必要不可欠とする航空施設を手放すには、それなりに代替するものを確実にしてはじめて了解するはずだからだ。もちろん、米国内での兵力削減、国防予算削減の折、海兵隊自身の生き残りをかけての政治的判断の結果であったかもしれない。いずれもが重なり合って、米海兵隊の了解が形成されていったのではないだろうか。

県内移設といえども、海上基地である必要はない。海上基地案が日本政府と沖縄県の間で頓挫している現状からすれば、米海兵隊は当初の優先順位にもどり、埋め立て案を浮上させる機会を見計らっているはずだ。そのときには、沖縄の米海兵隊基地全体の整理・統合計画を同時に展開させて、キャンプ・シュワブに航空施設を建設するのではないだろうか。その統合計画は、地元が要望しているとされる米海兵隊のキャンプ・キンザー沖の浦添の埋め立て港湾建設計画とリンクしてキャンプ・キンザー縮小案と一体となって現れるのではないだろうか。沖縄での「基地問題」の今後を考えるとき、キャンプ・シュワブの埋め立て案だけでなく浦添の埋め立ての港湾建設計画が具体的争点になるだろう。

「思いやり予算」漬けの米軍

普天間基地を返還し海上基地を建設する最大の魅力は、日本政府の行う財政負担にある。海上基地のすべての建設費は当然のこととして、可能ならばその維持費についても日本政府が負担すべきだとの声が米軍部内にあると伝えられている。

先に紹介した米会計検査局（GAO）の報告書は、海上基地には二四億ドルから四九億ドルの建設費がかかると指摘する。日本の九八年度防衛費は五兆円＝三五八億ドル。額の大きさがうかがえる。同報告書は、建設費は日本政府の負担を当然視とし、維持費をも日本政府負担とすべしとの軍内部の声を紹介している。普天間の維持費は年間二八〇万ドルに対し、寿命四〇年と見込むと海上基地の維持費は二億ドル。普天間の七一倍である。維持費は日米交渉の結果如何かもしれないが、新規の基地提供、少なくとも建設費は日本政府の負担となる。日本国民の税金である。

それだけにとどまらず、在日米軍への日本政府の「思いやり予算」は、米国内では国防予算の縮小により基地閉鎖を余儀なくされている米軍にとって、基地を維持する最大の理由であろう。基地を置くあるいは撤去することを決定する際、軍事的要求と財政的コストのどちらがより大きな要因となるのであろうか。より詳細な研究があるべきだろう。

もし海上基地が建設されないとすれば、米海兵隊は沖縄の前方展開を見直すことになる。もちろん、危険な普天間基地を今後も安定的に使用できるのか、その判断に大きく依存する。米海兵隊あるいは米政府が普天間基地の将来に不安を抱けば抱くほど、地上部隊と航空部隊そして兵站を同時に組み合わせて作戦行動を取る米海兵隊のもつ価値は、航空部隊を配置する海上基地なしで「半減」する。その沖縄基地の魅力の「半減」は、「思いやり予算」により手厚い財政措置を施された基地を失うことをも意味する。

輸送技術の向上や技術革新によってハワイ、カリフォルニアなどの米国内、あるいは基地誘致で活性化を狙うグアムへ基地を移すことになると、現行のような日本政府による財政的保護は消滅してしまう。航空基地を欠いたままでは、米海兵隊にとって沖縄配備のもつ軍事的、財政的魅力が半減してしまう。だとすれば、沖縄だけでなく太平洋全域（海兵隊の基本戦略をも）での前方展開を再検討せざるを得ない。

だからこそ、作戦機能を維持するためという大義名分を立てて航空施設建設に米海兵隊が執拗にこだわるのである。軍事的な要求は、日本政府の財政的保護をも越えて（米政府が負担してでも）貫徹されるであろうか。政治的、財政的な要求の前で、軍事的要求が妥協することもあり得る。

海上基地建設を沖縄の人々が認めるのが先か、あるいは米海兵隊が少なくとも前方展開の部分的再検討を行うのが先か、今後は我慢比べとなろう。この我慢比べの間に、基地提供義務を負う日本政府は沖縄の人々の懐柔にかかるであろう。対米協力で腰の引けている小渕政権にとって、厳しい財政状況のなかで対沖縄政策として打ち出せる事は、そう多くないのも事実だろう。今後、朝鮮半島情勢や日米中の三角関係が変化していくなかで、柔軟な思考と何を守るのかについての国民的合意が必要とされるであろう。

（初出＝「軍縮問題資料」No.217. 宇都宮軍縮研究室、一九九八年一一月号）

沖縄と有事法制

米国から「宿題」を与えられ、それを日本がこなすという構図が、有事関連法案に取り組んでいる今の日本政府の姿だ。

ブッシュ氏とゴア氏が米大統領を競っていた二〇〇〇年一〇月、超党派グループによる対日政策の基本方針を示したアーミテージ（同グループの代表、現在は国務副長官）報告が出された。そこには、日米同盟を維持・発展させるために二一世紀初頭に日米がこなすべき課題リストが提示されている。

日米共同訓練、日本における基地の共同使用、日本のPKO（平和維持活動）への全面参加、日米の兵力構成協議、日本の防衛技術の米国による利用、日米ミサイル防衛協力などと並んで、有事法制を含む新ガイドライン実施体制の確立が書かれている。これにそって今後、共同訓練はより密接に、また共同使用や兵力構成の協議は、本格的な取り組みが予想される。

報告書の参加者には、その後ブッシュ政権の対日政策にかかわるケリー国務次官補、ウォルフォビッツ国防副長官らもいる。リストアップされた課題が「宿題」として米政府から日本政府に渡されているとみてよい。

あるいは、日本政府が先回りして「宿題」に取り組んでいるのかもしれない。昨年、インド洋への自衛艦派遣を決めたのは、「ショー・ザ・フラッグ」というアーミテージの言葉を拡大解釈した日本政府だった。

九七年九月に合意した新ガイドラインとは、「有事」の際に、日本政府あげての米軍支援のことである。九九年五月に成立した周辺事態法で、「周辺」と呼ばれる「空間」での米軍への支援が可能となった。「周辺」で米軍を支援できるのは、日本の安全に「重大な影響を与える」場合のみである。日本有事とかかわることが米軍支援への不可欠な条件なのである。

日米安保条約では、日本への武力攻撃が行われるときに日米が共同で対処することとされ、それに合わせて自衛隊の装備や兵力構成が整備され、日本政府は米軍抜きの日本防衛は成り立たないと説明してきた。

その一方で、日本が武力攻撃を受けるとき、つまり、日本有事に、主として自衛隊が行動する際の法的根拠を整備するのが、有事関連法案とされている。だが、米軍を視野に入れない有事関連法案があり得るのかどうか疑問だ。

有事関連法案で想定されているのは日本有事ばかりでなく、武力攻撃が予測される場合も含まれ、「周辺事態」とも重なる。そもそも、日本が武力攻撃を受ける事態があり得るのか。

したがって、有事関連法案は、むしろ米軍支援を日本国民の私権を制限してでも行える根拠を提供する。米軍が日本の国内法を盾にして自由な行動へと移りかねない。そのとき、周辺自治体は米軍支援を行わなければならないのだ。

第二次大戦で国内唯一の地上戦の戦場となった沖縄では、日本軍は民間人の財産を奪い、生命をも守らなかったとのイメージがある。そして、現在、米軍の集中する沖縄で、自衛隊が米軍を守るために、日本人である沖縄の人々を見捨てることにならない保証はない。

有事関連法案に基づいて自衛隊の権限が拡大されると、米軍の民間地域での権限も同様に強まる。日米両政府が判断する有事に近づくたびに、基地がフェンスを越えて周辺の人々の生活をのみ込んでしまいかねない。

（初出＝「朝日新聞」二〇〇二年五月一九日）

沖縄と日本の「沖縄問題」

7 —— Ⅲ・沖縄のなかの日本

沖縄県民総決起大会

戦後50年＝県民の「痛み」を理解できない政府

沖縄は今や、自らの足で立つ時だ

「大地」が動いた。われわれの足元が動きはじめた、と感じた。戦後五〇年もの間、変わらなかった「米軍基地の沖縄」が、国際環境の変化とともに溶け出しはじめた。

一九九五年一〇月二一日の県民総決起大会に、八万五〇〇〇（主催者発表、警察発表では五万八〇〇〇）もの人が参加した。万単位の人が集まったのは、沖縄返還前後以来のことだという。足を運んだ人なら誰でも、ただならぬ「人の波」だと実感したに違いない。しかも、いわゆる動員による人ではない。家族づれ、友人づれ、高校生、高齢者仲間、そして一人で会場にやって来た人々であった。個人の意志による参加が、「人の波」を生んだ。

この大会で、沖縄の人々は「人間の尊厳」の立場から米兵による暴行事件を糾弾し、事件に対して取った日本政府の処置を「軟弱外交」だとして怒った。そして、日本にある米軍基地の七五％を狭隘《きょうあい》な沖縄に集中させている日本政府に対し、「県民の痛み」と「心」を理解していないと「憤怒」と「不信感」を表明した。日米両政府に対し、米軍人の綱紀粛正、被害者への謝罪と補償、日米地位協定の見直し、基地の整理・縮小の促進など四点を要求した。

これらに対する日米両政府の対応は、地位協定の一部運用の見直しと沖縄に関する特別行動委員会（SACO）の合意であった。前者は一九九五年一〇月二五日、日本合同委員会において地位協定第一七条五項（C）、つまり公務以外の米軍人・軍属を容疑者とする事件のとき、その身柄が米軍にあるときは、日本において起訴されるまでは引き続き米軍がその身柄を拘禁するとなっていたのを、起訴前の身柄引き渡しが行えるように、手続きを変更したのであった。日米両政府の対応策はまだ明らかにされていない。後者については一九九六年四月に中間、一二月に最終の報告が出された。一九九五年から九六年初頭までの時点でみると、両政府の選択肢は、これまで検討されてきた基地の整理・統合により基地の一部返還をする、段階的な基地の整理・縮小計画への着手、地位協定の部分的あるいは全面的見直し、沖縄の振興計画への多額の財政支援、沖縄の怒りが鎮静化するまで無視し続ける、などであった。現在の安保政策を堅持するかぎり、基地の縮小へと政府がすすむことは、期待できない。せいぜい「ある程度」の基地の整理・統合以上のことはできまいとの冷静な見方が存在していた。

地位協定の抜本的な改定となると、協定の根拠となっている日米安保条約第六条まで影響し、日米安保そのものの是非が問われる。現在の日本政府に、そこまで踏み込める力はない。運用改善の見直しを日米交渉のテーブルにのっけるだけが目標となりかねない。振興開発計画への財政支援策は、すでに豊かさの「飽和」状態に達した沖縄で、もはや有効性をもちにくいだろう。一九五〇年代後半の土地闘争時や七〇年代前後の沖縄返還時の「貧困」な時代には、それは強力な策であった。現在行われている政府からの補助は、「箱ものつくり」ではほぼ上限に達しているからだ。何が豊かさなのかを根本から問い直すような振興開発の発想の転換が必要なのだ。

少なくとも、「沖縄問題」に向けて日本政府ができることは「話し合い解決」というあいまいな方法でしかない。「話し合い」というのは、当事者が対等な関係で同じ土俵に上がることを前提とする。中央集権の国である日本において、日本政府と沖縄県が対等の関係にあるといえるのか。「沖縄の痛みはわかるが、安保条約は重要だ」とする日本政府が、自分たちの安全保障を述べる沖縄の人々と同じ土俵で議論を行うことを真剣に考えているだろうか。「話し合い解決」を唱えても、結果として日本政府は何もなしえないのではないだろうか。

一九九五年一〇月「村山総理は頭が悪い」と名ざしで総理を批判した宝珠山元防衛施設庁長官が更迭されたことは、日本の政治の特徴と問題点を浮き彫りにした。基地の問題が沖縄では深刻であると熟知する宝珠山前長官は、村山政権の「話し合い」路線では何ら解決しないと述べた（批判した）のであった。現状を見据えた発言であっても、上部で決まった方針と一致しないときには語ってはいけないとする日本における組織の「和」、「上位下達」が表面化した。日本の政治のなかでこの更迭は、政治の責任と権限は誰にあるのかが、官僚の間では理解されていないことを露呈した。官僚支配の浸透ぶり（傲慢さ）を見せつけた。さらに、安保条約によって日本政府に義務づけられている米軍への軍事基地提供を行う防衛施設庁長官の更迭は、経済的な報償による従来のやり方では、住民を基地と「共生」させえないことを明らかにした。しかも、なぜ軍事基地が必要なのか、冷戦が終わった現在、日本政府の誰もが明確な説明をできないでいる。

沖縄の声を聞くことのできない日本政府は、沖縄の人々にとってどんな存在理由があるのか。一九七二年の返還後、確かに「経済大国」日本の一部になったことで、国内では最下位の県民所得とはいえ、沖縄は世界のなかで最も豊かな生活を享受できた。その豊かさの行方は、さらなる幸福へと決してつながってはいない。今や、日本政府から離れて、沖縄の人々が自らの足で立つ「時」を迎えたのではないだろうか。

（初出＝「沖縄タイムス」一九九五年一〇月二六日）

沸き立つ沖縄のエネルギー

一九九五年九月初旬、沖縄本島北部で起こった米兵三人による少女レイプ事件と米軍基地の存在に対する沖縄の人々の怒りは一〇月二一日の県民総決起大会を頂点に、メディアによって世界中に報じられた。「怒れる沖縄」、「沖縄は怒っている」と。沖縄の地元紙の一つ、「琉球新報」の文化面はこの年、一〇月下旬から二月初旬にかけて知識人による評論を掲載し、沖縄の怒りとエネルギーを検討した。

限界に達した基地被害への我慢

作家の大城立裕氏は次のように書いている。

沖縄が米国の統治下にあったころ、大城氏自身は「沖縄問題は文化問題」だと繰り返し発言した。日本本土からの差別と沖縄の劣等感が根底にあり、それを克服するのは「なかなか困難」と考えていた。だが、一九七二年の沖縄返還後、「沖縄の人々は文化の主体性を自覚して独自の文化を売り出すことに努力し」、その結果「本土でも沖縄に対する差別意識がかなり融け去」ったと分析する。八〇年代を「文化の曲り角」と位置づけ、「沖縄問題は文化の問題」とする自説を改める必要にさえ迫られた、という。

ところが、米軍基地を押しつける日本政府の態度には政治レベルでの差別が依然として残っており、今回のレイプ事件でこれが露呈したために、エネルギーが爆発した、と大城氏は判断している。

そして、この背景には、半世紀以上にわたる「基地被害への我慢」が限界に達したことと、沖縄の人々が「文化的な自信」をもつようになり、本土に対して何でも言えるようになったことがあると指摘する。

我慢の限界は、米国人・軍属の犯罪、刑事事件などの件数、米軍の兵員数、米軍基地面積などである程度表現できる。犯罪、事故件数は返還後だけで四七一六件（九五年八月現在）。そのうち凶悪犯罪は、殺人二二件、強盗三五四件、放火二三件、婦女暴行一一〇件などの計五〇九件となる。米軍兵員数は、返還時の三万九〇〇〇から現在の二万九〇〇〇に減少したのに「過ぎない」し、沖縄にある米軍基地の面積も、返還時から現在まで一五％減少したに「過ぎない」。

また、市街地に隣接する嘉手納米空軍基地、普天間米海兵航空基地は、航空機の離発着だけでなく、エンジン調整、基地内での演習のたびに騒音問題を引き起こしている。レイプ事件の二年後の一九九七年まで、県道を封鎖しての実弾射撃訓練が日常的に行われ、実弾が金網を越えて民有地に飛んでくることもあった。基地に対する我慢が「臨界点」に達していたと表現できる事態にあったといえる。

人権の視点が弱かったという批判

ではなぜ、沖縄の怒りが「臨界点」に達し、日米安保を揺るがすことになったのだろうか。事件が許しがたいレイプだったからである。前述した「琉球新報」の評論で、女性史研究家のもろさわようこ氏は「いままでも、基地による女たちへの性的被害がすくなからずあったが、女の『人権』問題としてとりあげられず、基地被害一般の中にくり入れられている」と言う。そして、今回の事件直後に怒りの声を上げ、同時に性被害に対する相談センターを開設した沖縄の女たちの行動を「女の人権擁護の動き」として称賛する。

その一方でもろさわ氏は、「反基地を言う男たちの中にも、男中心的な発想をする人がいまもすくなくない」と指摘し、「生命と人権にかかわる『大きな事件』である」このレイプ事件について、こうした男たちの「沖縄だけでなく、世界各地にある」ので「事件そのものは大きなものとは思わない」という発言を批判する。そして、「政治・社会・経済などの『大きな事件』は『人権＝人間の尊厳』の確立のためにこそ営まなければならず、女たちが少女の受難に、想い熱く連帯して、反基地に立ち上がった人権感覚を、男たちは謙虚に学んでほしい」と述べる。それは、この事件を契機に盛り上がった沖縄の不満の爆発のなかに、人権の視点が十分に取り入れられていないという批判である。

事件は人権への侵害だとして抗議の声を上げ、性被害に対する救援活動に間を置かず取り組んでいった女性たちの行動がなかったなら、この沖縄の人々のエネルギーの噴出もなかったはずだ。この事件への地元のマスメディアの関心も、この女性たちの精力的な取り組みに共感して報道していったというのが実情だろう。大田昌秀知事の代理署名拒否表明も、女性たちの行動やマスメディア（日本本土、海外も含め）の関心の高まりの後に、行われた。

レイプは人間の尊厳を失わせることだと理解していれば、最初に抗議の声を上げた女性たちと同様に、より多くの人々がもっと早い時期に立ち上がったはずだといえるだろう。

また、人権という視点に立つならば、武力行使のための軍事基地は人権と両立しないことを見抜けるはずだ。高まる沖縄のエネルギーが人権を基盤にしているのか否か、その後のエネルギーの方向が明らかにしてくれるだろう。レイプ事件以降に起った米軍人による事件、事故への沖縄の反応において、人権の視点が前面に押し出されてくることは少なくなかった。

先に紹介した地元紙掲載の評論の中で、ドキュメンタリー作家の上原正稔氏は、この事件に対する沖縄の人々の行動を疑問視する。上原氏は、「『怒りの五万人集会』が準備される中で、那覇市は大綱引き祭りで浮かれ、県は大琉球祭りで騒ぐ始末」だと述べ、「合点がいかない」という。そして、「本当に怒っているのであれば、市も県も当然、祭りを中止すべきだった」のであり、「市も県も常識に欠けている」と批判する。

本当の怒りなのか疑問の声も

上原氏は、一八五四年六月、ペリー提督指揮下の米海軍レキシントン号が沖縄の那覇に寄港中に起こった三人の米水兵らによる沖縄女性とその娘へのレイプ事件を取り上げ、当時の沖縄の人々の反応を紹介する。

レイプの最中に、娘の兄や付近の住民が駆け付け、二人の水兵を取り押さえた。逃げ足の速かったもう一人を海岸に追い詰めて、興奮した群衆が投石、娘の兄が石で水兵を叩き殺した。

この事件は結局、米国人が「婦女を弄び、その他の不法行為を成したる場合」に琉球側が犯人の逮捕権をもち、米国側が裁判権をもつ内容の琉米条約の調印、批准で幕を閉じた。上原氏は、九月四日の事件で、約一四〇年前に米水兵をリンチ殺害したような「『直接的怒り』は感じられない」「暴動の動きもない」、今回の犯人「三人の名前さえ覚えている人もいない」と沖縄の怒りの浅さを指摘する。

こうした怒りのエネルギーを疑問視する声は少数だろう。

一〇月二一日の県民総決起大会直前に、二〇人ほどの大学のクラスで、大会に出かけるのかどうかを筆者がたずねたところ、一人として参加すると答えた大学生はいなかった。男女を問わず二〇代の人々の県民大会への参加はきわめて少なかったというのが、県民大会会場での筆者の感想である。

一方で、この事件に対する「琉球新報」の世論調査（一〇月七日掲載）によれば、米軍基地について四四・五%が「全面撤去」、四七・五%が「整理・縮小」を求めているという。「県民のほぼ全員が基地の撤去か縮小を要望」し、レイプ事件以後、「日米地位協定の見直しや基地撤去をもとめる声」が高まっている、と同紙は分析する。こうした声に、先の大学生たちもほぼ同意見だろうと思う。では、いったい何がある人々を県民大会に駆り立て、また何がある人々に県民大会への参加を促さなかったのだろうか。

生活をかけたかつての島ぐるみ闘争

かつて、沖縄の人々は「島ぐるみ」の土地闘争に取り組んだ。一九五〇年代後半に、軍事基地建設のために米軍が銃剣とブルドーザーで私有財産である土地を接収するのに対し、沖縄に人々が反対の声を上げた闘いである。

だが、土地代の収入が沖縄経済を潤すと判断した沖縄の保守層と経済界が土地闘争から離脱し、さらに土地代の値上げと支払い方法について米側が沖縄側の要求を取り入れることで、土地闘争は終息する。

当時の人々は土地を耕し、その生産物から生計を立てていたから、土地を奪われることはただちに生活の崩壊を意味していた。だから、必死で立ち上がらなければならなかった。まさに「本当の怒り」であった。また、一九六〇年代後半に展開した沖縄返還運動は米軍支配から脱却し、基本的人権を保障する日本国憲法をめざしたものだった。結果として米軍基地は残されたが、ともあれ日本への「復帰」が実現した。

返還後、日本政府による沖縄振興開発計画のもとで、三兆九三三九億円（一九九三年現在）が公共施設などの社会資本充実のために沖縄へ注がれた。その結果、日本の一部としての沖縄県は、世界のなかでも最も「豊かな」社会の一つとなった。一人当り国民所得と県民所得を同じ表（一九八九年）に並べてみると、東京が世界一で、全国最下位の県民所得の沖縄県は、オーストラリア、オランダに次いで世界で第一八位にランクされる。イタリア、イギリスがこれに続く。もちろん、国民所得だけで生活の質を語ることはできないことも筆者は承知している。だが、国民所得の低い国々（発展途上国）と比べれば、世界中の物が溢れる沖縄は今「豊かさ」を享受しているといえる。

文化的自信支える豊かな社会

この「豊かな」沖縄には、かつてのような貧困状況はないだろう。返還後の沖縄は、一九七〇年代以降の日本経済の成長を享受した。それに加えて、日本の安全保障のために米軍基地の七五％を一手に引き受けさせられた沖縄に対し、日本政府は多額の予算を沖縄へ注ぎ込まざるを得なかった。つまり、日本政府は、経済的な報償という方法でしか、その不満をなだめ、鎮めることができなかった。

相手が貧困であるほどに経済的な報償の効果は高い。一〇年ごとの沖縄振興開発計画はすでに第三次の半ばを迎え、沖縄における社会の資本は「飽和」なまでに充実している。それは、沖縄の人々がかつてのような貧困から解放されて、「余裕」さえ感じる生活を送り始めていることに反映されているだろう。先に紹介した大城氏の言う「文化的自信」は、この「豊かな」社会に支えられていることと無関係ではない。

先の県民大会に不参加を表明した唯一の団体は、軍事基地に土地を貸している地主たちで構成する土地連（沖縄県軍用土地等地主会連合会）だった。かつての土地闘争の先頭に立った土地連は、土地の返還後の経済補償がない状態での軍用地の返還要求はできないことを不参加の理由とした。同時に、地主の個人参加は自由だと発表した。

実際に、県民大会に参加した軍用地主の声が新聞紙上で紹介されている。組織としては不参加でも、軍用地からの経済収入がなくなるかもしれないことを知りながら、レイプ事件に象徴されるような基地に対する怒りを表明する軍用地主もいるのだ。もちろん、個人参加したのは全員ではなく一部の地主だろう。これらの背景には、軍用地主たちの生活が「豊か」になり「余裕」が出てきたからだろう。一方、参加しなかった軍用地主は、土地が返還され、土地代収入がなくなることへの不安を抱えているのだろう。

簡単には揺るがない「生活保守主義」

「豊か」で「余裕」のある生活は、沖縄の人々に大綱引き祭りを楽しむと同時に、県民大会に参加するエネルギーを生み出したのではないだろうか。

つまり、現在の生活が続くことを前提とした「生活保守主義」によるエネルギーが、日本の一部となった沖縄で蓄積されてきた、と指摘できる。日本政府が振興開発予算を増額して沖縄の歓心を買うとしても、ある意味で腹を満たした「生活保守主義」は揺らぐことはない。もし揺らぐとすれば、日本経済が大きな打撃を受け、日本の国民一人ひとりが経済的な困窮に直面するときだろう。あるいは、沖縄から米軍基地がなくなるときだろう。そのとき、日本政府は沖縄になんら遠慮する必要もなくなる。

レイプ事件を契機に沸き立つ沖縄のエネルギーは、不満の蓄積、普遍的な人権感覚、そして「生活保守主義」の混ざりあう沖縄の人々の今の気持ちを体現している。もはやだれもこのエネルギーをコントロールできない。沖縄の人々に今求められているのは、このエネルギーに支えられながら、二一世紀にむけてどのような沖縄像を描くのか。日本から離脱の方向を含め、その具体的デザインを準備することだ。

（初出＝（「Ronza」朝日新聞社、一九九六年一月号）

正念場の「沖縄問題」

——無視できぬ未契約地主

駐留軍用地特別措置法の改正案の全容が、一九九七年三月二七日、明らかにされた。四月三日に同法案を閣議決定した橋本政権は、直ちに国会に提出し、予定されていた首相訪米の四月二四日までの成立を急いだ。

当時、国会において単純過半数を越えてより多数の賛成を得るべく自民党は、野党や連立を組む政党との折衝を続けていた。反対の立場を表明している政党は、当時閣外協力で連立を組んでいた社民党と野党の共産党の二つだけだった。そして、首相訪米一週間前、混乱のなかに同法改正案は成立した。同改正案に対する社民党の最終的態度は、橋本連立政権そのものの存在基盤を揺るがすばかりでなく保・保連合の可能性を含めた政界再編を一気に加速すると見られていた。実際には、同年七月の参議院議員選挙での自民党の敗北責任を取る形で橋本首相は退陣し、代って小渕政権の誕生となった。

特別措置法に関する改正あるいは新たな特別法の可能性は、すでにその前年の夏ごろから指摘されていた。一九九六年九月一三日に公告縦覧を応諾した際、当時の沖縄県知事の大田昌秀は、その理由の一つとして米軍用地の強制収用に関する特別立法を回避するためだと説明していた。九七年五月一四日に使用期限切れを迎える嘉手納基地などの一部の土地をめぐって沖縄県収用委員会での審議・裁決の行方に政府は注目していた。使用期限までに同委員会の裁決が出ないことが明らかになると、橋本政権は同法の一部改正を打ち出すことになった。

この改正は、米軍基地問題で政府に迫る沖縄県知事の主張の法的根拠を奪うこととなった。この改正に対し大田県政は、最も利害をもつ地元自治体が私有地に対する強制収用の公共性の判断を行うという民主主義のルールを脅かし、また現行法に基づいて進められている県収用委員会の審議の途中に行われるだけに立法のルール違反であり、さらに地方分権の流れに抗して中央政府の権限強化を図るものだと批判した。

そもそも県収用委員会の裁決まで持ち込まれることになったのは、これらの土地を所有する反戦地主と一坪反戦地主たちが、軍用地使用契約を拒否し続けてきた事実にあった。それればかりでなく、この「沖縄問題」の始まりとなった一九九五年九月二八日の大田知事による代理署名拒否は、同じく反戦地主の契約拒否の土地に関して行われていた。

　そして、県民世論の高揚、日本本土や世界から注がれる高い関心が、九六年九月の県民投票まで続いた。その間に、二一世紀に向けて沖縄県庁が策定する国際都市構想に対応して政府は沖縄振興に着手していた。しかし、沖縄への基地提供という日米安保条約上の日本の義務を果たすために米軍用地の使用権限を確保すべく、政府は特別措置法の改正に乗り出したのであった。

　この間の「沖縄問題」が日本政府にとって「問題」としてあり続けているのは、明らかに反戦地主と一坪反戦地主たちの未契約の米軍用地の存在にあった。少なくとも、この点を抜きにした「沖縄問題」へのアプローチは、「札束」という財政移転による解決策を可能としてきた。政府の進める沖縄県に対する振興策が、まさに、政府が繰り返す「沖縄問題」へのアプローチである。

　この改正が「沖縄問題」の解決に向けての大きな障害だと認識するならば、未契約の地主の存在を高く評価すべきである。評価するということは、一九九五年一年余りにわたり高揚をみせた沖縄の世論が真正面から特措法改正反対を打ち出せるかに尽きるだろう。だが、未契約の地主たちを支援するだけの環境が、今の沖縄に整備されているといえるだろうか。正念場を迎える沖縄と日本の「沖縄問題」だ。

　政府の立場からすれば、未契約地主を無力化することが「問題」の処理の最善の方法であった。いかに一坪反戦地主たちに操作された運動であるのかを強調する論調が政府寄りの雑誌に掲載された。また沖縄県議会は二〇〇〇年三月三〇日、沖縄県の機関の役員に一坪反戦地主を排除する陳情を自民党、新進沖縄などの賛成多数で採択した。こうした一坪反戦地主を狙い撃ちしての排除は、逆の意味で「沖縄問題」を体現する未契約地主たちの存在を象徴している。

（初出＝「沖縄タイムス」一九九七年四月七日）

知事の決断

――基地と振興どうほぐす

普天間の移設について、賛成であれ反対であれ、態度表明を留保することは、当時の大田昌秀沖縄県知事にとって対橋本政権との重要な「交渉カード」としてあり続けてきた。また、橋本政権にとって大田前知事の実質的な移設容認を引き出すために「交渉カード」を相殺すべく、政府をあげての「沖縄経済振興策」に取り組むこととなった。

一九九六年一二月に発表された日米特別行動委員会（SACO）最終報告以後、大田前知事は「第一義的に国と名護市との間での問題だ」として移設について態度留保に努めると同時に、「国際都市形成」という沖縄県の構想への財政的支援を含めた政府の推進約束を求めた。それに対し、昨（一九九七）年四月に軍用地特措法の改定で違法となる強制使用状態を回避した橋本首相は、「基地と振興策はリンクしない」ことを強調し、「振興策への協力」をテコにして知事の態度表明が行われる場面を回避してきた。

キャンプ・シュワブ沖の海上基地計画への知事の態度表明という「カード」を使わないことは、双方の目的を実現できるという共通の利害で一致していた。つまり、それぞれの政治的計算は異なっていたものの、知事の反対表明が行われないことがそれぞれの利益を守ることになっていた。

米軍基地の存在と沖縄の人々を担い手とする経済振興との関係は、いまだに回答のない戦後沖縄の基本的問題であり続けてきた。日米両政府の合意の下で基地が存在するかぎり、基地によって生まれるさまざまな不満、不平等、危険性などを抑え込むために経済振興策もついてまわる。「基地のない沖縄」と「経済的自立をする沖縄」を形成することは、「基地」イコール「振興策」のこの関係を断つことにある。

だが、この関係が現実の日常生活に直結しているだけに、それをほぐして整理し、新たな方向づけを行うには、知恵と努力と多くの痛みが伴うであろう。なによりも新しい理念の実現へ向けた努力に対する沖縄の人々の支持が不可欠である。名護市長選挙において建設賛成派が推す岸本健男候補が当選したのは、基地に振興策、あるいは振興策に基地がついてまわる関係を証明した。

対政府との交渉で基地と振興を使い分けながら、新たな理念を実現しようとする大田県政への評価と失望は、そこに根差している。建設反対声明の理由として知事があげたことをみれば、知事自らの決断というよりも、名護の住民投票に代表される沖縄の世論におされたからである。つまり、基地と振興の関係をどのようにほぐしていけばいいのか、大田県政は分からなくなったと言えるだろう。

理由はともあれ、名護市長選投票日直前にきられた大田知事の「交渉カード」に対して、橋本政権は

「振興策」への約束のほごをちらつかせながらしばらくの間、表向きは知事の態度変更を求めることになる。それは「冷却」という名の政府による大田県政「いじめ」である。政府は、これまで「沖縄のためにやってきた」が、知事の表明によって沖縄振興策の推進を止めるというのだ。それは、政府の進める「振興策」は「大田知事のため」であって「沖縄のため」ではなかったことを自ら表明しているにすぎない。自民党が沖縄振興開発法の改正を見送る動きや沖縄県の推進する国際都市形成構想への政府の支援中止など、すでに政府・自民党による「恫喝《どうかつ》」は始まっている。実際には、今（一九九八）年一一月の知事選挙で県政奪還による保守系知事の誕生を狙った活動へと本格化するであろう。現在の沖縄の基地問題の方向は、知事選挙に集約されていくだろう。

だからこそ、自らの三選を視野に入れて大田知事は行動すべきではない。一政治家の利益だけで判断される以上の戦後沖縄の大きな転換点に、沖縄は立っている。

新しい交渉ラウンドが始まっている。交代して問題解決に当たるべきだろう。その前に、知事室での記者との懇談会ではなく、沖縄各地はもとより東京でもワシントンでも出かけて、日本政府の「いじめ」に直面する沖縄を、じかに人々に訴えることこそが知事の最大の任務である。

（初出＝「沖縄タイムス」一九九八年二月一〇日）

漂う普天間・日米安保

——知事拒否表明に思う

沖縄にとって最善の道は

海上基地建設に関する大田昌秀知事の態度が、(一九九八年)二月六日に表明された。海上基地予定地の名護市長選挙は、その二日後に建設推進派の推す岸本建男氏の当選で決着した。

普天間基地の県内移設を日米両政府で合意した九六年四月の日米特別行動委員会(SACO)の中間報告が明らかになった時点から、大田知事の県内移設への態度が注目され続けてきた。その後の沖縄「問題」の基点として、県内からも橋本政権からも知事の態度表面が求められてきた。

県内移設に伴う海上基地は、沖縄の人々の承認を得て建設される最初の基地になるはずであった。米軍が沖縄に上陸して以来、沖縄の人々が承認して建設された基地は一つもない。住民投票、知事の態度などを通して、政府は「振興策」という札束を見せて基地受け入れ承認を沖縄の人々に突きつけてきたのである。

今回、大田知事が態度表明を行わざるを得なくなったのは、名護市民による住民投票の結果であり、その結果についての県民の判断だった。知事が建設反対の理由としてあげたのは、まず、市民投票の結果、県議会の会議、県が行った各界の意見聴取の結果、県の自然環境保護行政の観点、そして最後に「基地反対」という大田県政の基本理念であった。この順序は、態度表明へと至った影響の大きさを物語っている。

知事自らの判断というよりも沖縄の世論に押された表明だったのである。声明の最後の言葉は、橋本総理との「約束」を果たせないことへの知事の「無念さ」を表現する。知事自身の決断の弱さがにじみ出ている。弱さは、名護市長選挙において「振興策」の重さを訴えた岸本氏の当選に反映した。この選挙結果によって、知事の反対表明を実質的に「見直す」糸口が残されたといえよう。

だが一方で、今回の表明で、大田知事は三選への足掛かりを確実にした。つまり、県政与党や支持基盤が、大田知事の三選決断を遮ることはできない。副知事再任のように与党から批判をあびて、自らの決断を翻すことはなくなったのである。三選を意識すれば、政府による「振興策」との妥協への誘惑に大田知事はかられよう。名護市長選挙の結果は、妥協を促進する理由として使われるだろう。他方、自民党は全力をあげて「大田潰し」に取りかかるだろう。「振興策を運んでくる」をキャッチフレーズにする保守系の知事候補を全面的に支えるであろう。ますます「振興策」が基地にリンクし、政治にリンクしていくさまを現実のものとして有権者の前に再現するだろう。

沖縄の人々の利益を最大化させていくために、こうした政治家の出馬が果たして最善の道であろうか。沖縄の人々の了解のもとで基地が建設されるという大きな転換点において、政治家個人のために沖縄があるのではないはずだ。同時に、沖縄の進路を決めるにあたって、これら政治家の果たす役割は大きい。そして、県民の判断は重大な意味をもつ。日米両政府をも突き動かしていけるだけのエネルギーを沖縄の人々はもっているのだと、もっと自覚していい。

日米安全保障の問題

普天間移設に伴う海上基地建設計画のとん挫は、短・中・長期的な日米関係のなかでどのような影響を与えるのだろうか。

短期的には、日本政府によって従来通り普天間基地が米海兵隊に提供され続けるであろう。日米両政府は七施設の県内移設を含む一一施設のSACO返還合意を実施しなければならない。SACO合意が日米両政府の重要課題だと強調すれば強調するほど、両政府は普天間を除く他の合意事項を実施するはめになる。普天間移設と関連する移駐と他の移設や返還とは何の因果関係もないからである。

普天間を除くSACOの合意は、多分に知事選挙に際して保守系候補の支援材料に使われるのではないか。露骨な沖縄懐柔策として登場するかもしれない。

中期的には、日米両政府は普天間基地の県内移設、本土移設、あるいは撤退などを検討せざるを得ないだろう。そもそも返還・移設を決定したのは、普天間基地が「危険な基地」だからである。市街地の真ん中に位置しているため、住民に被害をもたらすような事故が起こった場合、普天間の撤去だけでなく、日本本土から米軍が追い出されるような事態になるかもしれないと、判断されたからである。日本政府が普天間移設を政治的効果を狙って判断したのに対し、米政府は基地の維持を優先して判断したに違いない。

「危険な基地」の状態は今も続いている。事故が起こらなければ、多分、これまで通り普天間基地を維持できるだろう。

もし事故が起これればという恐怖のなかで、米政府は安定的な基地の運用はできないだろう。事故という不確実のもとで安全保障は達成できない。普天間移設を決断したように、米政府内ではいつ、どこへ、規模など、具体的に検討しているのではないだろうか。日本政府は、再び嘉手納統合案や他の県内移設案を軸に、岩国などへの県外移転をも検討しなければならない。普天間をそのまま「放置」できないのは、沖縄県庁だけでなく日米両政府でもあるからだ。

長期的には、これまでの日米安保が日本政府による米軍への基地提供にのみ終始してきたことへの大きな修正・変更をもたらすであろう。かつて一九五〇年代末までに日本本土の米軍基地が大きく縮小されたのは、占領に引き続く外国軍隊である米軍の存在に対する日本人のナショナリズム感情に配慮したからであった。その結果、米軍は沖縄に一層集中することになった。

その沖縄でも一九九五年九月以降は、これらの基地提供が困難な事態となっている。この事態から脱出して、日本政府の義務である基地提供を安定的に行うために合意したはずのＳＡＣＯの目玉とされる普天間移設計画が、とん挫した。大田県政に「沖縄振興策」を与え、名護市にも財政支援を行うとの「報奨金」付きの普天間移設計画が住民と知事によって否定されたことは、これからの基地提供が安定して行えるのかどうか、米政府には不安材料として映っているに違いない。つまり、地方選挙や住民投票において米軍基地の存在を争点として行われることが続くかも知れない、と。そして、個々の結果によって基地が撤去される事態を招いていくかもしれない、と。

その不安を打ち消すために、日本政府は有事法制化をバネにして日米防衛協力を軸とした日本の安全保障政策を明確にしていくだろう。つまり、米軍への基地提供に加え、防衛庁・防衛施設庁だけでなく、日本政府あげての積極的な日米防衛協力を行える体制に変えることである。

そのとき、緊急事態と判断されれば、那覇空港のような日本全国の民間空港において、米軍機が離発着を繰り返すだろう。これを沖縄における基地「問題」の終着点にすべきではない。普天間移設は沖縄「問題」ではなく、日米の安全保障関係の問題だということを知っておくべきだ。

(初出＝「上・下」「琉球新報」一九九八年二月一九日、二〇日)

GAO報告書を読む
——米議会会計検査局の海上基地評価

GAOとは

日本における「沖縄問題」は、今、海上航空基地建設を軸に展開している。普天間にある米海兵航空部隊の県内移設先としてキャンプ・シュワブ沖以外に選択肢はないと橋本政権は主張し、昨（一九九七）年一二月の住民投票や県民世論からみて建設拒否しかないと大田県政は反論する。嘉手納、キャンプ・シュワブなど多くの米軍基地が沖縄には依然として存在しているにもかかわらず、普天間基地撤去・移設が宙に浮いて、「沖縄問題」は「こう着」化の現象を見せている。

こうしたなか、（九八年）三月二日に米国会議・会計検査局（GAO）の国家安全保障および国際問題課「海外における米軍プレゼンス――沖縄における米軍プレゼンスの削減に関する問題点」と題した報告書を議会に提出し、公開した。

米国議会・会計検査局の存在は、三権分立を制度的に明確化した米国の政治制度の特徴の表れである。日本では会計検査院が行政機関のなかに位置づけられているのに対し、米国では立法府である議会の下部機関となっている。大きな理由は、議会のみが国庫からの支出を認める権限をもっていると憲法で明記されているためである。その結果として、議会が実質的にも予算・決算についての調査・監査能力をもつべきだとの考えの具体的な表れとして、立法府に会計検査局が置かれているのである。つまり、行政府に対し、国民の代表で構成される議会が国民の税金がどのように使われているのかという視点から行政府の諸活動について調査、監査するために存在するのが会計検査局である。

議会は、会計検査局以外にも調査研究サービス部門をもつ議会図書館（LC）、政府のもつ情報を印刷物として国民に届ける政府印刷局（GPO）、科学技術に関する政策について調査研究を行う技術評価局（OTA）、予算全体を把握する議会予算局（CBO）などの機関を下部において自らの能力を高めている。

これらは、三権の間のチェック・アンド・バランスでいう立法府のチェック機能を支える機関などである。

会計検査局の報告書はすべて議会の要求によって準備、作成される。今回の報告書もそうである。下院の国家安全保障委員会（一九九四年一一月に共和党が多数となって、軍事委員会から名称変更）軍事調達小委員会ダンカン・ハンター委員長（一九四八生まれ）の要求で作成されている。ちなみに会計検査局は行政のあらゆる分野にわたる報告書を年間数百件も作成し、在庫がある限り一部なら誰にでも無償で提供している。また、会計検査局のホームページでも報告書を入手できる。

ハンター氏は、カリフォルニア州サンディエゴ市東半分とインペリアル郡の一部を選挙区（すべての小選挙区は一〇年ごとに人口によって見直される）として、連続八期（一期二年）当選のやや古参の共和党議員である。ハンター氏は、経済的には貿易不均衡にある日本に対し強硬な手段を主張する保護貿易主義者で、また国防費の増大を唱えてレーガン政権を支え、軍事即応体制を維持すべくクリントン政権の国防予算要求を増額するよう努める国防タカ派議員である。また、ベトナム戦争に従軍したハンター氏は、軍入隊者に対し同性愛者か否かを尋ねないとするクリントン政権の政策を批判し、銃規制に反対するなど、保守派議員として知られている。

勧告の意図

「海外における米軍プレゼンス――沖縄における米軍プレゼンスの削減に関する問題点」と題する米国議会・会計検査局（ＧＡＯ）の報告書は、一九九六年一二月二日に出された沖縄に関する日米特別行動委員会（SACO）の最終報告にて記された勧告を実施する際にどのような影響が出るのかについて述べている。報告書の目的は、沖縄に米軍を置く必要性について米国防総省の視点を述べ、そして沖縄での海上航空基地建設に伴う作戦、訓練、費用、さらに環境問題への影響を探ることである。

同報告書によれば、在日米軍がSACO最終報告で記す勧告は、あくまで勧告であって、日米両政府を拘束する二カ国間協定ではないと理解している。だから、勧告内容にそって日本が代替施設を準備しない場合、在日米軍は勧告を実施する義務を負わないとさえ考えているという。このように「海上基地が唯一の選択肢だ」とする日本政府の説明は、決して日米間の「合意」ではない。それは、最近「SACO合意」という表現から「SACOプロセス」という表現へと変わっている事にも現れている。

六二ページにわたる同報告書は、要約、四つの章、付録などで構成。報告書には内容要約だけでなく報告書の結論ともいえる国防長官あての勧告もあり、報告書の狙いが分かりやすい。勧告は四点である。

(1)　海上基地のデザイン、設計、建設の過程を監視（モニタリング）する方法を決めること。海上基地の計画から完成まで米国が口を挟めるようにしたいということだ。現行の日米安保条約では基地提供は日本政府の義務である。建設費を全額負担してもらうにせよ、日本政府に設計から建設までのすべてを任せるのではなく、基地を使用する米軍の要求を一二分に織り込める（使い勝手を向上させる）ような方法を作ろうというのだ。

米軍の要求事項を明確にするため、同報告書は在日米軍と海軍施設工兵軍に対しそれぞれ予算的に裏づけられたプロジェクト事務所を設置するように求めている。これらは、SACO最終報告で設置を求められた技術専門家のチームにより支援される日米の作業グループ・普天間実施委員会（ＦＩＧ）とは別である。

費用は日本負担という「小切手外交」を海上基地に全面適用させ、その使用方法については米軍部内でしっかりと準備して日本側には介入させない方法なのである。「思いやり予算」の拡大運用である。

(2) 設計された海上基地が建設可能でかつ運用できるようにするために、施設供用までの間に危険削減段階を含めるよう日本側と詰めておくこと。危険削減段階とは、起こりうる危険性の評価、海上基地の寿命を折り込んだコスト分析、設計段階で削除した機能などについて再検討する段階をさす。施設や装備が供用される際に、米軍では危険削減段階が必要事項となっているという。日本にはない事項だが、供用の時期が延びるにせよ、危険削減段階を導入する価値があるというのだ。

ところで、ＳＡＣＯ最終報告は海上基地が供用されるまでを五年から七年を見込んでいるが、同報告書によれば米軍部には設計から完成まで一〇年を要するとの評価がある。たとえ海上基地建設に県や名護市がゴーサインを出しても、普天間返還が実現するのは、米軍の要求する危険削減段階を導入すれば一〇年以上かかる。「危険な普天間基地」はその間、危険なまま存続することになる。

高価な海上基地

(3) 海上基地の建設に着手する前に、米国の運用および維持コストや作戦運用について要求を満たすべく日本側に明確にしてもらうよう措置をとること。

コストの点でいうと、同報告書によれば建設には二四億ドル（一ドル＝一二五円で計算すると、三千億円）から四九億ドル（以下同じレートで、六一二五億円）の幅での費用を要すとしている。日本の九八年度予算案の防衛費の総額が五兆円であることと比べてみれば、その建設費の大きさが分かるだろう。

さらに、同報告書は建設コストを四〇億ドル（五千億円）だと見積もって、施設寿命を四〇年として海上基地の維持コストを試算すると、年間当り二億ドル（二五〇億円）必要となると指摘する。普天間基地の維持コストが現在、二八〇万ドル（三億五千万円）となっていることに比べると、海上基地はその七一倍に膨れ上がる。同報告は、建設費に加えて維持コストも日本政府に負担させるよう求めている。現在のところ日米両政府間で維持コスト負担についても話し合われている、と記している。もし基地の維持コストを日本政府が負担するとなると、日本政府が行っている施設整備を軸としてきた「思いやり予算」の方針の転換となるだろう。

米軍がなぜ沖縄にいるのかを説明する際に米政府は、一つに沖縄の戦略的位置をあげる。沖縄を中心に同心円を描くと、東京は朝鮮半島、北京、海南島、フィリピンなどとほぼ同じ線上にある。それほど沖縄は、東アジア、東南アジアをつなぐ地理的なかなめに位置しているのである。存在理由のもう一つは、戦後五〇年以上の時間をかけて資金を投下して建設・維持されてきた一大基地群が沖縄に存在している事である。しかも、七二年施政権返還後の沖縄の基地は日本政府によって米軍へ提供されているが、その使用料はタダ（rent-free）である。無料で使用できる基地が、さらに維持コストまでタダとなれば、米軍にとって沖縄の「魅力」は一層増すばかりだ。「魅力」ある沖縄から米軍が撤退することは、ますます困難となる。

(4) 普天間を返還するために代替となる海上基地が完成し供用されるまで、普天間は米海兵航空部隊には不可欠であるため、日本政府に対し日本負担で行われる施設改善計画（ＦＩＰ）にて普天間基地の改善整備を要求すること。

同報告書によれば、普天間移設がＳＡＣＯ最終報告として発表されるまで、施設改善計画の下で日本政府は一億四千万ドル（一七五億円）をかけて普天間基地の改善整備に着手する予定であったという。ＳＡＣＯ最終報告が普天間の県内移設を勧告したため、その改善整備を取りやめた経緯があるという。普天間基地の「重要性」からすれば、海上基地が供用されるまでの一〇年間、普天間の作戦能力を低下させるわけにはいかないため、日本政府に対し、普天間の改善整備を要求すべきだというのだ。

海上基地も必要だし、海上基地ができるまでの間の普天間の改善費用も日本に出してほしいとする米国の本音が率直（露骨）に表れている。

作戦権の獲得

米議会会計検査局（ＧＡＯ）の報告書は、普天間基地の県内移設に伴って起こる環境への影響について二つの問題点を指摘する。

一つは、普天間基地について。移設に伴い普天間を返還する際に、環境クリーン・アップ（除去作業）が必要となる、と述べる。環境調査の結果、もし汚染物質が見つかれば、その除去費用は高くつくだろうし、また跡地利用計画の実施に遅れをもたらすだろうとの指摘。現行の日米地位協定の下では、基地が返還される際、使用者である米軍に使用前と同じ状態にする（原状回復）義務は課されていない。だが、国防総省は海外での米軍の活動によって汚染が行われた場合は、汚染物質の除去を求める政策を取っている。沖縄の米軍基地に汚染物質が存在すると思われるので、米国か日本のいずれかが除去費用を負担するのか、いずれその決断を迫られよう——という。つまり、返還が決まり環境調査を行う前に、汚染物質の除去費用を誰が負担するか決めておくべきだとする。同報告の本音は、日本政府に出させるよう交渉すべし——と言うことだろう。

もう一つは、普天間の移設先である海上基地建設に伴う環境破壊だ。同報告書は、海上基地建設によって、周辺海域のサンゴ礁に影響をもたらすだろうと指摘。また、沖縄の自然環境保護に配慮し米軍は海上基地を使うが、通常の運用を行っても事故による油漏れ、洗浄液や他の科学物質の流出などの危険性を抱えているという。同報告書は、海上基地建設に伴う環境破壊について起こり得る危険性の指摘にとどまり、どうすべしとの記述はない。

同報告書はお金のこと以上に、重要な点に言及している。それは、日本政府が海上基地の「作戦権ないし運用権（operating rights）」を米軍に認めると、米軍の作戦能力は維持できる、という一文である。この個所は要約にだけ存在して、本文での記載は見当たらない。要約はまさに本文をまとめたものだが、この「作戦権ないし運用権」についてだけは本文では何もふれられておらず、奇妙である。

同報告書を作成する段階で、供用される海上基地を自由に使える権限を日本政府より得ておきたいとする軍部の意見を「滑り込ませて」おきたいと判断したからではないか。「自由に使える基地」は事前協議適用の対象となるだけに、日本で政治問題化しやすいことを配慮し、同報告書中でそれ以上の言及は避けられたのではないか。

同報告書は、その内容について国防総省や国務省の同意を得て作成されている。その意味で、GAO報告書は日本政府に対して海上基地建設に関する米国の明確な要求事項リストである。SACO最終報告の勧告を実施するための対日交渉において、こうした強硬な議会の圧力は「外圧」として作用する。米政府の交渉責任者のカート・キャンベル国防副次官補の立場が、議会の後ろ盾により強化される効果をもつ。

同報告書の作成を要求したハンター下院議員（共和党）の選挙区は、カリフォルニア州サンディエゴ市内の一部とその郊外のインペリアル郡の一部である。有権者の多くはブルー・カラー（肉体労働者）やホワイト・カラー（頭脳労働者）であり、国防関連企業の従業員や軍人・軍属である。また、海軍の軍港のあるサンディエゴの経済は国防関連産業に依存している。こうした点から、ハンター議員の背景には、米国の軍部や国防関連産業の意向が存在すると考えられる。

この報告書の作成は、費用は日本持ちの海上基地の設計・建設に向けた米国企業の参入の前兆かもしれない。一九八九年のブッシュ政権発足当時、日米双方の国防省・防衛庁と経済界や商務省・通産省の利害が複雑に絡みついたFSX（次期支援戦闘機）開発問題の再来に、海上基地建設がなるかもしれない。

（初出＝「1〜4」「琉球新報」一九九八年三月二二日、二四日、二六日、二八日）

「麻薬漬け」・沖縄経済の活性化、普天間基地問題への対応問われる

二期八年の現職の大田昌秀氏に大差をつけて沖縄経済界のエース・稲嶺恵一氏が二〇世紀最後の沖縄県知事に就く。稲嶺氏の基地より経済が先だという主張が有権者を引きつけたという。

大田県政は二期目に入って、とりわけ九五年九月に起きた少女暴行事件以後、国際都市形成構想とよばれる長期的な経済政策を進めようとした。それは目覚しい成長を遂げていたＡＰＥＣ諸国との関係を強化し、その経済圏に直接に参画することにより沖縄の経済発展を図るという目論見であった。同構想は、従来ややもすれば日本本土の市場に照準を合わせてきた沖縄の経済活動の視線を、周辺諸国に転換した点に特徴をもつ。周辺諸国との交流を自由にできるよう、大田県政は政府に対し「一国二制度」の適用を求めた。

だが、同構想の柱の一つであった自由貿易構想において地元企業保護か自由化かをめぐって対立し、合意は形成されずに終わる。国際競争力をもたない企業の多い「脆弱」で、第三次産業が突出する「歪」な、

そして政府の財政移転に「依存」する沖縄の経済において、「自立」経済は宿題ともいえる。

一九七二年の復帰から現在までに五兆円に上る財政移転が行われた。現在のところ、二〇〇二年まで継続する。政府依存が恒常化した結果、沖縄経済は「麻薬漬け」経済ともいえる様相を強めてきた。脱却するには「禁断症状」という難関をクリアしなければならない。自由貿易構想の激論は、「禁断症状」の軽い方の顕在化であった。そうした沖縄経済をもう一度、方向づけし直すのが、稲嶺県政の大きな課題である。不況にあえぐ日本で、沖縄も例外ではない。稲嶺氏は、不況打開のためのカンフル剤を打つよう政府に求める、と公約している。

普天間の県内移設を拒否したことで態度を硬化させた政府は、国際都市形成構想に向けて準備していたプロジェクトを凍結した。いわば「大田いじめ」による凍結を解くことが、稲嶺氏のいうカンフル剤である。「麻薬漬け」体質にカンフル剤を打つときは細心の注意が必要だ。稲嶺県政の経済目標が明確にならない段階に、前政権の立てた長期目標に合わせたプロジェクトを持ち出すのは拙速、軽率との批判を受けかねない。

選挙キャンペーン中に言われた「経済の稲嶺」の評価は、カンフル剤の打ち方にかかっている。最初の大きな能力試験となる。また、稲嶺氏は「現実対応」として普天間基地の県内移設受け入れを表明している。その代替となる飛行場建設を臨空型産業振興に結びつける基地建設依存である。飛行場は軍民共用（民間を主に軍を従とする）とし、軍の使用を一五年に限定する条件付き。

地域振興とはいえ、飛行場を受け入れる市町村があるのか。地主の同意を取り付けられるのか。環境がますます重要視される時代に、残された緑と水の豊かな沖縄本島北部に飛行場を建設するのが合理的な判断なのか。その実現性は乏しい。

稲嶺氏は、大田県政が直面して解きほぐせないままの課題をそのまま引き受ける。緊急の打開策を政府に頼るのも選択だろうが、「自立」への一歩を踏み出せる経済「改革」が求められる。

（初出＝「エコノミスト」毎日新聞社、一九九八年一二月一日号）

「一国二制度」が「独立」を招く

沖縄県が打ち出した「国際都市形成構想」実現のため、日本本土の財界人を中心に構成される沖縄県の「産業・経済の振興と規制緩和等検討委員会」（田中直毅委員長）は、沖縄県全域を対象とする自由貿易地帯（フリーゾーン）化構想を示した。「一国二制度」の構想である。沖縄では歓迎の声の一方で、「安い外国製品の大量流入により地場産業は壊滅する。沖縄の現状無視だ」と批判する声も強い。

冷戦後の世界は超大国・ソ連の崩壊、「普通」の国・ロシアの登場で開始された。だが今なおアジアでは、南北朝鮮と中国・台湾には冷戦後の配当が届いていない。そんななかで、一九九七年七月一日英国領・香港が中国に返還された。これによって一九世紀以来の植民地支配の残滓《ざんし》が消えると同時に、中国と香港との間で、「一国二制度」が現実化する。朝鮮半島では二〇〇〇年六月に初めて南北首脳会談が実現し、新たな関係構築へと動いている。

仮に、南北朝鮮と中国・台湾において武力を伴わずに統合が行われるとしよう。朝鮮半島では、ドイツやベトナムのように「南」が経済力の弱い「北」を全面的に取り込むことになろう。他方中国では、アジア経済圏を牽引するだけの経済力をもつ台湾を統合する方法として、中国自身が変化して台湾との「一国二制度」を取り入れるだろう。実際、経済力をもつ香港の中国への返還は、将来の台湾統合を視野に入れて進められると言われる。統合過程は、「される者」の環境変更を可能なかぎり避ける形で進行する。

アジアが冷戦の完全な終息を迎えるとき、一方では従来型の統合過程、他方では経済力によって生じる「一国二制度」的統合が進行する。では、沖縄はどうなのか。南北朝鮮、中国・台湾の統一まで、つまりアジアの安全保障のために米軍のプレゼンスがいわゆる正当性をもつ間、沖縄は日本本土との間での「一国二制度」へ向けた道を歩み続けると思う。少なくとも沖縄県民が望んでいる限りは、そうである。

しかし、その形態は香港とも台湾とも異なる。経済的に弱体な沖縄が、日本本土への統合ではなく本土からの分離の過程として「一国二制度」の地位を得ることになるからだ。日本と極東の安全保障のための軍事基地負担が沖縄に集中するかぎり、沖縄県の「一国二制度」要求を受けて、政府は分離の方向を推進せざるをえない。

政府にとって「一国二制度」の実現は、合理的な選択となるはずだ。まず、沖縄の要求にこたえるばかりではなく、日本という一国経済構造から多層的経済構造への転換への実験である。さらには、地方分権の実験でもある。その意味で、沖縄での「一国二制度」は二一世紀の日本のありようへの試金石であり、共通な社会システムを基礎とする日本型の模索となるだろう。

アジアでは冷戦の残滓が消えるまで、沖縄への軍事基地の集中化は続く。基地の集中化がかなり緩和されるとき、「一国二制度」への推進力は減速するかに見える。だが、動き出した「一国二制度」の後戻りはないだろう。そのときすでに、日本本土から沖縄を分離する環境は出来上がり、慣性力によって沖縄は「一国二制度」を越えて「独立」へと動いていくであろう。

しかし、その「独立」は、現在想像される事態とは異なっているのではないだろうか。つまり、安全保障を切り離した経済を中心とする沖縄での「一国二制度」は、安全保障の役割が消滅する時点で日本政府が沖縄を必要とする根拠が失われてしまい、沖縄が「独立」してしまうことになるのだ。

そのとき、東アジアの平和はどうなるのであろうか。「一国二制度」下の香港、台湾、沖縄がこの地域の経済圏の軸を形成しているのであれば、一国中心ではなく地域の安全保障に力点を置いた秩序が形成されるであろう。逆に、「一国二制度」が一つ国内制度にとどまっているのであれば、軍事力を背景とする一国型安全保障がこの地域の大勢となるであろう。いずれに動くのかはまだわからない。

沖縄の「一国二制度」論は、必ずしも沖縄県民の理解を得ているとはいえない。なぜ「一国二制度」なのか。日本国内の統合と分離の視点だけでなく、軍事基地に代わってこの地域の平和と安定に寄与できる制度にすべく、議論を高めるべきである。

（初出＝「朝日新聞」一九九七年六月二三日）

結局は振興策に依存

——地元住民は「かや」の外

「現実的対応」に基づき普天間の県内移設を唱えて当選した稲嶺知事は、一九九九年一一月二二日の名護への移設表明を行ったことで、大半の任務を終えたことになる。残る任務である「基地より経済」だとするスローガンに基づいた振興策をも手中に収めようとしている。

即効性のあるという意味で沖縄経済への「カンフル剤」を唱えてから四カ月近く経ったが、政府からの財政支援も得た。さらに政府の沖縄経済振興策の基本的柱となる「二十一世紀プラン」への中間報告を受け、最終報告を受けるばかりだ。

稲嶺知事は、就任後一年の間で選挙公約をほぼ実現し、誕生時の使命を終えた。これらの施策はすべて政府の協力と承認を得ることを必要とするものばかりだ。昨（一九九八）年一一月の知事選キャンペーン時から政府との太いパイプを唱え、しかも政府・与党の支持を受けての出馬だったから、こうした結果は当然だろう。

今後の課題は何か。まず、普天間基地移設先となる名護市の説得だろう。だが、この間、名護市民への、ましてやキャンプ・シュワブ周辺住民への説明は行われていない。代替飛行場建設に伴って、最も負担を強いられる周辺住民が、移設決定の「かや」の外に置かれている。

もっとも、県内移設についての県の意向を政府に対し正式に表明する前に、県民への説明も行われていない。記者会見が説明とはならないはずだ。県民、市民対話を開いてもいいかもしれないが、県議会という公式の議論の場があるではないか。

県首脳がいかに否定しようが、基地受け入れの代償としての振興策であるのは間違いない。稲嶺知事は、移設への政府の態度を見極めてから、県としての移設先を提示するとの発言を繰り返してきた。一一月一九日の政策協議会で明らかにされた政府の回答は、北部振興、地域振興、跡地利用対策、そして二一世紀プランの推進であった。

これらの振興策が基地建設要請と引き換えに値するのかどうか、検討され、説明されるべきだろう。確かに、日米安保条約上、政府は基地の提供義務がある。しかし、基地が長期にわたって沖縄に存在していいとはならない。沖縄の将来を拘束しないために基地返還を明記することが、一五年後の沖縄の人々に対する現在の沖縄の人々の責任だ。知事が建設を要望した基地（つまり飛行場施設）を建設後一五年に返還する、とする明白な合意だ。

振興策という名の政府からの財政移転に依存する脆弱な経済構造をいかに変えていくのか、もっと議論されてしかるべきだ。経済の自立とは何か、それを実現する短期的、長期的な振興策は何か。

知事であれ市長であれ自治体の長は、その地域の人々の生命・財産を守るのが第一の使命である。そして、いつも地域の人々と一緒に歩まなければならない。これが、今回の表明に最も欠けていたことだろう。

(初出=「琉球新報」一九九九年一一月二三日)

ジャパンプロブレムとしての「沖縄問題」

「沖縄問題」とは何か

戦後沖縄において基地と経済は切り離して論じることができない。一九四八年に米国が沖縄の長期保有化を決めた際に、沖縄の人々の「経済的・社会的福祉をはかる」ことが必要だとされた。米国は沖縄に基地を置くかわりに、沖縄の経済的コストを負担する事を自覚していた。経済的コストをどう捻出するかが、米国の沖縄統治の重要な課題であった。米国は、沖縄統治の経済コストが払えなくなると日本政府の沖縄援助を認め、復帰要求という政治コストが高まると沖縄の施政権を日本に返還した。つまり、復帰前から現在に至るまで経済コスト、政治コストを日本に回すことで、米国は沖縄の基地を維持してきたのである。

復帰後、政府は経済と基地との関係を故意に明確にしなかった。それによって、政府の「沖縄優遇」というイメージが国民に植え付けられることになった。政府は「沖縄の苦労」に応えている、と。それによって、沖縄からの要求を沖縄内部で抑える仕組みが生まれた。経済と基地の「切り離し」は今回の知事戦に顕著に現れ、稲嶺氏の当選を導いた。この「切り離し」論は、沖縄の基地削減要求をかわすことに成功したといえる。基地よりも経済が大切だ、という従来の論理である。

九五年九月以降の大田氏は、革新の「基地撤去」スローガンから脱して、基地返還プログラムによって計画的、段階的な基地削減を打ち出した。二一世紀の沖縄像としての国際都市形成構想を実現するために基地削減は必要であるという理論で日米両政府に迫った。

返還プログラムと国際都市は、基地と経済を意識的に結びつける戦略の具体化であった。従来の論理の逆転である。この戦略の推進力となったのは、米軍基地提供手続きにおいて必要な知事の代理署名を、大田氏が拒否したことであった。もっとも、大田氏が用いた法的に裏付けのある抵抗力は、国会において昨年四月の駐留軍用地特措法改訂によって失われる。

代理署名にみる大田氏の拒否姿勢は、政府に危機感をもたらした。この状態を放置しておけば、日米安保体制の根幹をなす日本による基地提供ができなくなるからであった。政府にとって大田氏の態度変更が必要不可欠であった。政府の取った措置は、普天間返還を目玉としたＳＡＣＯ（日米特別行動委員会）合意、経済振興策の強力な推進への約束であった。

だが、普天間の県内移設先と計画された名護市での住民投票の結果を受けて、大田氏が海上基地の受け入れ拒否を明言した。それまで大田氏との蜜月関係を自ら高く評価してきた当時の橋本政権は、大田氏との会談を拒絶して振興策の凍結にみる「兵糧攻め」で大田県政への圧力を高めてきた。

そして、今回の知事選挙を迎えた。結果は、四万票近い大差で稲嶺氏の当選となったが、両候補者とも選挙公約実現に向けての具体性を欠いていた。稲嶺氏は「経済の活性化と雇用の拡大」を唱えたものの、不況の全国的嵐のなかで沖縄だけに有効な策があるのか。大田氏は普天間基地の県外移設を唱えたが、どのような方策によって実現するのか。いずれも何ら明らかにされなかった。

その意味で、沖縄県民は経済の稲嶺氏を選び取ったというより、現職の大田氏にさらに四年の県政を託すことを拒否したといえる。もし基地問題を取り上げてその出口を有権者に分かりやすく説き、知事選の最大の争点にしていけば、多くの有権者は大田支持を表明したかもしれない。

稲嶺氏が有能で強力な知事として評価を受けるためには、公約に掲げた効果的な緊急の景気浮揚、雇用策を実施できるのかどうかにかかっている。「カンフル剤」が「麻薬」とならないよう政府の財政移転依存経済からどう脱却するのか。経済人・稲嶺氏の手腕へ注目が集まる。

争点としての基地に注目すれば、大きな変化に気づく。自民党長期政権下で、七〇年代以降は安保が争点とならなかった。米軍にとって沖縄を含む在日米軍基地は「自由」に使用できるばかりでなく、「思いやり予算」に支えられる場所だった。

九五年秋以降の沖縄からの基地削減要求は米軍基地の安定的使用を揺さぶり、県民投票や市民投票によって基地の存在を問うという前例のない基地の政治化を創り出した。とりわけ、住民投票は従来の政治・行政の制度に立脚した政府、県、市町村の政策形成への影響力を与える事を実証した。

今回の知事選で最大の争点にならなかったものの、米軍基地の存在が日本の国内政治の働きによって左右されることが明らかとなった。米国から見れば、在日米軍基地をどうすれば長期的に維持できるのかという新たな問題が投げかけられているだろう。基地と国内政治の間に距離を置くのか。あるいは、新ガイドラインだけにとどまらず日米共同作戦を実施できるまでの日米両軍の統合度を高めるのか。今後の日米安全保障関係の分岐点が見えてくる。

朝鮮半島情勢には不確定な要素が存在する。その不確定とは、朝鮮戦争以来の南北の軍事的対立だけでなく、固定的であった対立構造そのものが溶け出していることも含む。二一世紀へ折り返すときには、北東アジアの構造変化は一層明らかになる。当然、日本の安全保障に影響を与える。そのとき基地提供を基盤としてきた日米同盟をどうするのか。日本の安全保障政策そのものが問われる。もちろん、朝鮮半島危機に備える沖縄駐留の米海兵隊の大規模な存在をどう正当化できるのか疑問となる。

沖縄県知事選挙の結果は、半世紀以上にわたって存在し続ける基地という二〇世紀の問題が二一世紀に持ち越されたことを物語る。これからも沖縄の人々は経済と基地の狭間で生き残りを模索しなければならない。

基地と振興とのリンク論

米兵によるレイプ事件の起きた九五年以降の大田昌秀・沖縄知事のもとでの県政は、基地と振興（経済といってもよい）とのリンクを基本として、その時々の状況のなかでどちらかに力点を置きかえつつ、政府からの多くの譲歩と協力を引き出したといえる。そのリンク論を支えたのが、一二歳の少女が被害者となったレイプ事件を契機に、その犯人である米兵の逮捕に立ちはだかる米軍優先の地位協定に対し、また基地が存在するがゆえの事件・事故に対する県民の激しい怒りであった。

この九五年九月の事件がある種の「島ぐるみ」的大田支持の猛烈な推進力となった。従来の革新・保守という枠を超えて、一〇月二一日の県民大会には八万五千人が集まり、復帰後、最大の規模の県民集会となった。この怒る県民に支えられる大田氏にしか県民の怒りを抑えることができないと政府が考えたことによって、大田氏の存在価値は一層高まった。

何よりも、大田氏の価値を高めたのは、政府の描く大田イメージ（像）であった。米軍用地を継続使用するために未契約の土地を強制収用する手続きにおいて必要とされる知事の代理署名を、大田氏は、同年九月二七日に拒否することを明らかにした。これによって、その後に収用期限の切れる未契約土地を継続して強制収用ができなくなる恐れが生じた。つまり、このままだと政府は個人の土地を不法占拠する事態となるのである。こうして慌てふためいた政府からすれば、その衝撃の大きさを説明するために、大田氏はタフな政治家、パワフルな知事でなければならなかった。それ以前に比べて、大田氏の評価が急速に高まっていくのをみてもわかるであろう。

政府の描く大田イメージの膨張は、県民の大田イメージ増大への相乗効果をもった。つまり、大田氏は政府を震撼させたからである。また、膨らむイメージを根拠づけるだけの行動を大田氏はとった。例えば、歴代の沖縄県知事の誰もがしなかった代理署名拒否、最高裁への上訴、米国政府との「交渉」イメージ、学者出身など、既成政治家との違いが大田イメージを膨らませ、ある種のカリスマ性を与えることになった。とくに米政府は、日米同盟の「再定義」をして「再構築」を迫られていたときだけに、沖縄への注目度はきわめて高かった。

上昇するカリスマ性を下降へと働かせた力は、大田氏の政府との「妥協」であった。「妥協」を受け入れがたいとする反戦・一坪反戦地主たちの大田氏への失望は、多くの県民に影響を与えた。自分の土地を基地のために貸したくないという未契約地主で構成される反戦・一坪反戦地主たちが存在してきたことを、大田氏は真剣に考えなかったのではないか。間接な形ではあったが、沖縄の人々は「チルダイ（沖縄の言葉で、気力が萎えるという意）」という表現によって、代行応諾以降、これまで抱いていた大田氏のもつカリスマ性へ疑問をもちはじめた。そのカリスマ性が底を打つのが、九七年四月、土地収用の法的根拠がなくとも、土地収用委員会の決裁が出るまで基地として継続使用出来るとする駐留軍用地特別措置法改訂の成立であった。

カリスマ性が堕ちていくまでの間、基地と振興のリンク論は、明確ではなかった分、かなりのパワーをもった。政府からすると「脅し」として作用したからである。リンク論をはっきりさせるのは、大田県政にとっても交渉としては不利となるとの判断があっただろう。もっとも、基地と振興を具体的にどうリンクさせればよいのか戦略はなかったに違いない。時期がくれば萎んでいくことを、特に当時の副知事で「主演・大田、演出・吉元」とさえいわれるほどに大田県政を支えていた吉元政矩氏は自覚していただろう。政府を自分の土俵に引き寄せる戦術を次から次へと取る必要があった。そういう感覚は大田氏には乏しかったようだ。

政府にとっての大田氏とは、交渉相手としての認知と同時に、また噴出するかもしれない県民の怒りをなだめる事の出来るカリスマ性をもった役割としての存在価値であった。ある意味で、まだ大田氏のカリスマ性の呪縛から解けない県民がいたように、政府もその呪縛から自由ではなかった。

政府にとって大田氏とは、基地反対を訴える沖縄ですら基地容認に持ち込める（解釈できる）ための装置であった。可能ならば政府のコントロール下で事態が動く事を望んだが、すくなくとも誰にも止められない事態を回避することが最大の課題だったといえる。

例えば、九八年の知事選のころにも、政府は基地容認を獲得する装置としての大田氏の役割を評価していた節がある。政府には九七年中に協調関係を築いてきたこともあり、九八年に入ってから、政府との不協和音が沖縄県民の不安材料となっていることを感じている大田氏が、三選後は政府に歩み寄る姿勢を見せるのではないかという安心感が働いていたのではないだろうか。つまり、三選した大田氏ならば、県内移設を受け入れる場合でも、反対運動の激化を抑えることが出来る、と。

九六年九月には、大田氏の政府との「妥協」路線が始まる。強制収用手続きにおいて必要とされる公告縦覧代行を応諾してみせた大田氏の交渉可能な姿勢への変化は、振興策でもって迫れば、基地の受け入れ容認を消極的ながら獲得できると政府は判断したのだろう。とりわけ特措法改訂以後の政府による大田県政への支援は、大田氏の変心への疑惑が低下していくことと同時進行ではなかっただろうか。仕上げは、九七年一一月二一日の政府式典であっただろう。それにあわせて、海上基地への大田氏の「消極的」受け入れを予定していたのではないか。基地と振興とのリンクが微妙なバランスで成立するのが、この時であったといえる。

大田氏の「妥協」路線での揺れは、吉元氏を失って、リンク論をうまく操作できないことだけでなく、事態を見極めることができなくなったためといえる。その結果、微妙なバランスにのる政府と沖縄県の共同作戦を採用するのか否かの最終判断の準備、決断、対応が十分ではなかったことを露呈する。式典での大田氏の演説は、復帰の際に当時の屋良朝苗行政主席の日本政府への要望を引用した。その二五年前の要望が充たされていないことを訴えた点で政府の思惑にもっともふさわしくないものであった。でも、政府は表面的には怒らなかった。期待したこと、つまり受け入れ容認発言、を待っていたからである。一二月の住民投票の結果がでた後、大田氏がすぐに結論に至らなかったのは、吉元氏の後任人事だけでなく、大田氏自身の揺れにあったのではないか。

政府が展開した海上基地と振興策とのリンク論の前で、大田氏は態度を明確にするよう求められた。つまり、リンク論の確信犯的グレイゾーン戦術（吉元氏の考えだっただろうが大田氏には共有する自覚はなかったのではないだろうか）に対抗して、政府は明白な「白黒」リンク論という踏み絵でもって切り返してきた。つまり、基地を受け入れればお金を与えるという露骨な基地と振興とのリンク論を名護市民だけでなく、大田氏にも突きつけた。大田氏にとって慌てふためいた事態となったのだろう。リンク論のもつ凄み、両刃の剣という側面を見誤ったのではないか。知事選後の発言に「リンク論にやられた」との趣旨があるが、政府に脅しをかけるのに成功した自らのリンク論の危険性への自覚がなかったことを裏付けているのではないか。

政府は、リンク論のもつエネルギーについて一定程度の理解をもっていたはずだ。リンクすれば、政府は基地をもつ市町村、県と対等な関係になってしまう。つまり、「金を出すから基地を認めろ、あるいは、基地を認めるからもっと金をだせ」という関係である。こうした対等な状態を極力恐れるため、リンク論の意味するところを否応なく掴んでいなければならなかった。そうでなければ国民が、これまでの「上下関係」に基づく秩序崩壊を敏感に感じ取ってしまうだろう。なぜなら、国民に政府が「強い」のだと信じ込ませなければ、脆いことを政府（政治家や官僚）自身が知っているからだ。この国民の抱く「強力な政府」というイメージは、今回の知事選でいかんなく発揮された。

意図的であるにせよないにせよ、大田氏もこの「強い」政府と「互角」に戦っているイメージを利用することになった。それは大田氏のカリスマ性を支え続けられる推進力でもあった。マスメディアも、政府を慌てふためかせ、また「互角」に戦う大田イメージを共有した。その結果、県民も「強い」政府イメージを基盤として大田氏を高く評価し、また後に低く評価することになる。

グレイゾーンから白黒のはっきりするリンク論を軸に、政府、大田氏、県民、それぞれが思い描く「相手」のイメージの膨張、収縮そしてその反転作用のなかで、事態が進行してきたといえる。突破口となったのはレイプ事件であり、取り巻く舞台環境は、日米同盟の「再定義」の真っ最中にあった。知事選直前に起きた米兵による交通事故ではもう県民の怒りが生まれなかったとき、そして、新ガイドライン関連法案審議が国民的論争を呼ばないとき、九五年九月以降の沖縄からの問いかけは終わる。だが、以上述べたリンク論、イメージは今後も存続する。したがって、突破口、環境、登場人物の三つの要素が揃う時、日本の「沖縄問題」が再度（何度でも）、噴き出す。

こうした条件を潰すことに、今の政府の努力が傾けられている。リンク論を県民の脳裏から消し去るために、普天間代替案と振興策を切り離す必要がある。そうすれば、再び沖縄からリンク論の浮上を阻止できると考えているだろう。また、大田いじめと今年一二月に沖縄県知事に就く稲嶺恵一氏への熱烈支持との間に見られる「差別的」待遇は、政府の力を県民に見せ付ける絶好な機会となる。強い政府のイメージを補強し、稲嶺氏の要求を満額プラスアルファとすることで、稲嶺氏のイメージを有能な政治家（政府から多くのことを引き出せる）とする効果をもつと判断しているのではないか。

政治環境として、新ガイドラインが政治的争点になりうる今春までは、沖縄からの問いかけは動き出せると考えられる。だが、知事選の結果、登場人物が「うまく」舞台に残っていないのは、新ガイドライン関連法案を待つまでもなく、突破口となった九五年秋の事件以降の日本にとっての沖縄問題は終止符を打ったと見るべきだろう。沖縄問題を前へ進めていくうえで登場人物を「うまく」舞台に残すことの重大さを真剣に考えるべきだったと思う。つまり、グレイゾーン型リンク論が壊れたとき、正確にいうと九八年二月に海上基地受け入れを拒否する声明を出したとき、登場人物としての大田氏の役割は終わった。

もし、九五年以降の「日本の沖縄問題」を継続するのであれば、新たなリンク論を担える登場人物の導入によってしか可能とならなかったのではないだろうか。それでも、現時点で、確保されている残り時間は、新ガイドライン法案の審議までであるのは変わりない。延長期間を決めるのは、ガイドライン関連法案が成立するまでの県民や国民の動きいかんであるといえるだろう。もっともガイドライン関連法案審議において、国民に支持される安全保障論が展開されることを期待するのは楽観論というべきだろうか。それとも、民主党あるいは民主党を軸とする連立政権が誕生するかもしれない総選挙へと突入するだろうか。

もし、大田氏がもう四年、県政を担うことになっていたら、その最大の課題は、基地削減の方向と計画、同時にその跡地利用計画としての国際都市形成構想について県民に説明し、承認を得ることであっただろう。つまり基地と振興との結びつきをどう解決していくのかを、県民の側から見て理解できるように行脚することであったろうと思う。過去の二期八年が日米両政府への態度変更に重点が置かれたとすれば、この三期目はリンク論についての県民説得が最重要課題ではなかったか。沖縄から提起するグレイゾーン型リンク論に続く新しいリンク論の一つである。

（初出「月刊　状況と主体」No.277．谷沢書店、一九九九年一月号）

返還時の米軍討議資料

沖縄内における施設の移転可能性

協定を新たに解釈

「沖縄タイムス」紙が入手した「沖縄内における施設の移転可能性」を読んだ。同文書は、一九七〇年一月一二日から一四日にかけて、当時の高等弁務官府のあったズケラン（瑞慶覧）司令部内で開催された沖縄返還交渉にかかわる米政府内の返還計画準備会議において、高等弁務官府と米民政府が討議用資料として準備したものの一部である。この準備会議は秘密ではなく、当時の新聞でも取り上げられている。だが、会議そのものは非公開だったため、同文書の入手を契機にして明らかにされる点が多い。

この準備会議では、沖縄返還にかかわる米政府関係者が一堂に集まり、問題の洗い出し、それぞれの課題への対応、そして準備作業の分担が決められた。この会議での議論は、以下の六点にまとめられる。(1)返還協定の全体像、(2)経済・財政取り決め、(3)施政権の移管および実施の諸段階、(4)組織的取り決め、(5)地位協定に関する取り決め、(6)防衛責任および基地の移転可能性。

討議用資料は、五つの分野から構成される。(1)組織的取り決め、(2)施政権の移管および実施の諸段階、

(3)地位協定に関する取り決め、(4)基地従業員に関する取り決め、(5)沖縄内における施設の移転可能性。

これらの討議項目は、米側にとって沖縄返還に関わる重要議題を示している。(1)〜(3)が米政府全体にとって、(4)〜(5)は高等弁務官つまり現地・沖縄の視点で見た問題点、課題だといえる。もし沖縄や日本本土で今でも使われる「復帰」が施政権を米国から日本に返すことだけだったと理解されているとすれば、米政府が考えた「返還」とはかなり異なっている。米政府は日米関係のなかで沖縄返還をとらえ、軍事的機能だけでなく経済的、財政的な保障を確保し、さらには地位協定の新たな解釈を生み出していったのである。

この一三ページの同文書は、沖縄返還に伴って基地を返還する際の問題点を指摘している。取り上げられたのは、第一に、沖縄返還に日米が合意した一九六九年一一月の佐藤・ニクソン共同声明のなかで沖縄防衛責任を「徐々に」日本が負うと述べられている点。第二に、返還後の沖縄を日米安保条約の下に置くという日米合意などであった。つまり、米政府は沖縄防衛目的の自衛隊の移駐先を探さねばならなくなっていた。

検討の結果、同会議は米軍基地で過密な沖縄に、新たな基地を造るのは困難なため、米軍基地の移転によって自衛隊基地を確保すべきだ、と勧告している。その際に基地の移転や新たな基地の提供が、安保条約六条に基づく地位協定が適用されるため、地位協定の新たな解釈を必要とする、と指摘している。

第三に、ベトナム戦以後の沖縄の米軍基地構造をどうすべきなのか、全体的な再配置の検討が迫られている、と述べる。それは、ニクソン大統領が六九年七月にベトナムからの撤退をうたったグアム・ドクトリンを発表して、アジアの米軍の兵力構成の再検討が行われていたからだ。

第四に、基地の整理・縮小を求める沖縄の声に対する政治的対応としての基地の移転である。

同文書は、どの基地を移転するのか、あるいは返還するのかを選択するものではないと断りながら、大規模な返還対象となるであろう那覇空軍基地と那覇軍港を想定した検討課題を指摘している。

飛行場可能地は二カ所

なぜ、沖縄返還に際して、那覇空軍基地と那覇軍港が返還対象となったのか。

「沖縄内における施設の移転可能性」文書は、両方とも民間が使用しているため経済振興上に不可欠であること、そのため沖縄の人々の目にふれやすいため政治的効果が大きい、さらに人口密集地の南部から基地をなくせという政治的要求にこたえる、などを理由としてあげている。

同文書によれば、北部での飛行場の建設可能な場所について一九六五年に米軍は調査を行ったという。移設先の選定というよりも補助的な施設としての調査だったと注釈を付けているが、調査結果によれば沖縄本島北部の本部と久志湾の二カ所を適地としてあげた。しかしいずれの場所も、埋め立てが必要であり、また道路、そのほか電力や水道などの投資を行うことになる、と指摘する。那覇と同様な規模、機能をもつ飛行場建設だとすれば、移転費用は過度の額になる。加えてインフラ整備費用も必要と、判断された。

その後、那覇米空軍基地は、沖縄返還の目玉として日本に返還されることになる。その実際の移転は、空軍の一部が撤退し、残りは嘉手納米空軍基地へ移り、そして米海軍の対潜哨戒機P3Cの嘉手納基地移駐で完了となる。当時、本部には米海兵隊が管理する上本部飛行場があったが、貧弱な施設であったという。

久志湾というのはキャンプ・シュワブが面する湾をさしているが、同文書には具体的な飛行場選定調査結果についての言及はない。もし一九六五年の調査で詳細に検討したのであれば、三〇年後の一九九六年一二月の日米特別行動委員会（SACO）最終報告以来、普天間基地の県内移設先として飛行場建設地は、キャンプ・シュワブの海上隣接部分の埋め立て案が第二候補地（あるとすれば）を大きく引き離して最有力候補地であったといえるだろう。

那覇軍港の移転について、同文書は、七〇年当時まで米国の国防予算の一部をなす軍事基地建設予算（MCA）計画のなかで位置付けられ、マチナト・サービス・エリア港湾複合施設として呼称されてきたという。マチナト・サービス・エリアとは、現在の牧港補給基地（キャンプ・キンザー）だ。

この時点で、米政府の予算を投入して那覇軍港を浦添へ移設する計画があったことは、二二日の本紙報道を裏付けている。同文書は、移設理由として交通過密な那覇市を通過して那覇軍港と牧港補給基地を結ぶ効率の悪さを第一にあげ、また那覇軍港を民間専用にすることによる政治的効果を強調している。

同文書によれば、移設計画には問題点があった。当時、日本政府、琉球政府、那覇市の負担で進められる安謝の埋め立て港湾計画が進行していた。商業港としての那覇港の機能は、南半分が米軍の専用のため、限定されていたため、沖縄の経済発展のために大規模な商業港の整備が必要とされていたのだ。

同文書は、軍事的視点からの浦添移設計画と、経済的視点からの安謝新港計画を同時に進めるのは、経済的に無駄だと判断する。同文書は、米軍の浦添移設計画を沖縄返還後に通常のやり方で進めた方が、那覇軍港の返還と引き換えに日本政府から財政支援を得ることができる、と勧告する。浦添への移設による那覇軍港の返還は、那覇ホイール地区もあけることになるので、自衛隊移駐先になり得る、と。実際に、那覇ホイール地区は陸上自衛隊基地となる。

日本政府の財政支援

「沖縄内における施設の移転可能性」文書は、読谷補助飛行場の返還に際して、原状回復義務をどのように回避するのか指摘する。

米軍に対し原状回復義務を定めていない地位協定の適用を待って、基地の返還を行ったほうがいいが、すでに多くが農耕地として使用されている読谷補助飛行場の場合には、その原状回復費用がばく大なものではない（住民の返還要求、補助飛行場としての機能を考慮に入れると）ため、基地返還のシンボルとしては適当だと指摘する。

同文書は財政的問題として、移設費用は、単なる施設など物理的なものだけに限定されるべきではない、と強調する。土地の収用費用、ときには埋め立て費用、アクセス道路やインフラ整備、家族住宅、学校などの建設も必要だ、というのだ。

移設に伴う費用は、地位協定二条および二四条、そして返還に関連する日米間の財政取り決めから、そのほとんどが日本政府から支出されるだろう、と判断する。基地の提供について地位協定は日本政府の負担とし、基地の移設について相互の取り決めによると定めているためだ。同文書は、米軍が基地を返還する際の条件に移設をあげるのが実際となっている、と指摘する。それでも、日本側に移設費用を負担させるには日本政府の提供する「施設および区域」に入っているかによるのだ、と注意を喚起する。つまり、日本政府の財政負担を最大限に引き出す策を検討すべきだというのだ。

米軍の浦添移設計画への日本政府の財政支援について、同文書は日本政府が財政支援する安謝新港計画が実施段階に移る前に、同意を取り付ける必要があると述べる。だが、地位協定か返還に関連する財政取り決めか、移設の財源をどこに求めるべきか不明だと結ぶ。

さて、同文書が提起した問題は、返還計画準備会議においてどのように討議されたのだろうか。次の三点を考慮すべきだとされた。第一に沖縄の人々が抱く土地への愛着の強さ、第二にまだ検討中の自衛隊自身の移駐計画、第三にベトナム以後の兵力構成。沖縄における兵力構成を考えるとき、とりわけ、撤去されたメース、自衛隊にナイキおよび自衛隊に移管されるホーク・ミサイル・サイトを除き、現存の米軍基地を全面的に利用する計画とする、とされた。

つまり、自衛隊の移駐が具体化していない段階なので、引き続き検討課題だというのだ。だが、はっきりしていることは、返還後の米軍の兵力構成には何ら変更を加えないことである。

そして、那覇、マチナト、安謝、中城湾での港湾移設計画の財源に、返還交渉のなかで日本政府の支援を求めるのが妥当ではないかとの意見に集約された。

これらの文書からみると、那覇軍港の移設計画は、その財源をどこに求めるかがその行方を決めたといえるだろう。ある意味で、軍事的要求よりも政治的効果が優先される結果の基地返還であったといえる。

（初出＝「上・中・下」「沖縄タイムス」一九九九年八月二三日、二四日、二五日）

沖縄に法の下の平等を

●――犯罪米兵の身柄引き渡し拒否理由、明らかに

二〇〇二年一一月二日未明、沖縄県具志川市で在沖縄米海兵隊少佐による強姦未遂事件が起きた。女性の告訴を受けた沖縄県警は発生から約一週間後に捜査を始め、一二月三日に少佐の逮捕状を取得。日本側からの起訴前の身柄引き渡し要求を米側は拒否し、少佐の身柄は起訴された同一九日にやっと日本側に渡った。

在日米軍の地位や基地の運用・管理を定めた日米地位協定では、米兵が基地外で犯罪を起こしたとき、日本の司法当局が起訴するまで身柄は米側にあると定めている。一九九五年九月の米兵による少女暴行事件で日本の反基地感情が一気に盛り上がると、翌月に日米両政府は米兵の身柄引き渡しの特例措置を作っ

た。「殺人または強姦」という「凶悪な犯罪」の場合に、日本側からの起訴前の身柄引き渡し要求が米側の「好意的配慮」によって認められるという運用改善である。

今回の事件は、地位協定が政治的な動きといかに連動しているかを見せてくれた。事件が報道されたのは、事件発生より一カ月遅れ、警察の捜査が始まってから三週間以上も経ていた。その対応策を検討する時間的余裕が両政府にはあったはずだ。

日米合同委員会で日本側が起訴前の身柄引き渡し要求を行った翌日に、米側の回答は出された。昨(二〇〇二)年六月末に沖縄・北谷町で起きた女性暴行事件で運用改善による身柄引き渡しが行われるまでに五日間を要したのに比べ、今回が一日間なのは米側の入念な準備があったとみてよい。

ところで、事件発生から起訴までの間に重大なことが起きていた。一一月一七日に沖縄県知事選があり、米韓地位協定改定要求の高まるなかでの韓国大統領選挙(一二月一九日投票)、またアラビア海へイージス艦を派遣する日本政府の決定もなされた。その間に、日米地位協定を維持する方策が米政府内で練られたと考えられる。

この事件に対する沖縄での一般的な感情は、法の下の平等が保障されていないことへの不満であろう。これまでも、基地外で米兵が犯罪を起こし、身柄が米軍にあるはずにもかかわらず、その容疑者が帰国したこともあった。また、日本では凶悪犯罪とされる放火は、運用改善でいう「凶悪な犯罪」に該当しないと判断され、容疑者・米兵の身柄は起訴まで引き渡されなかったこともあった。

法治国家・日本では米兵であれ、日本人であれ、在住の外国人であれ、法の裁きが等しくあることを世界中に示す必要があろう。日本において犯罪取り調べの際に、人権保障が足りないのであれば、当然に改善されるべきだ。それは容疑者が米兵だけでなく日本人にも適用されねばならない。

身柄引き渡しを拒否した米側は、何を理由としたのか、明らかにすべきだ。日本政府も、再度、要求をしないのはなぜかはっきりしない。一二月一六日に日米安保協議委員会（2プラス2）が発表した声明はSACO（日米特別行動委員会）合意を推進するという。

SACO合意の一つに合同委員会合意の公表努力がうたわれている。身柄引き渡しをめぐる日米間の合意過程の透明性を高めることが必要だ。被害者、容疑者の人権を守るべく両政府には説明責任がある。

基地を容認し、米軍普天間飛行場の代替施設建設を推進する稲嶺・沖縄県知事自身が地位協定改定の要求を打ち出していることは、日米安保という制度の疲労侵食を示している。

（初出＝「新潟日報」二〇〇二年一月一五日）

「尊重」という名の「強制」

普天間基地の県内移設を問う

8——Ⅲ・沖縄のなかの日本

はじめに

沖縄本島・中部にある米海兵隊の普天間航空基地の県内移設をめぐって、沖縄県、日本政府、米政府の間の綱引きという巨大な圧力が移設先となった名護市を押しつぶそうとしている。「地元の頭越しにはやらない」としてきた政府が一九九九年内中の決着をつけたいがために、沖縄県と名護市に対し普天間基地の代替基地移設先とその受け入れ容認を求めた結果である。

一九九九年一一月二二日、稲嶺恵一・沖縄県知事は、沖縄本島名護市の東部海岸にあるキャンプ・シュワブ「沿岸域」への代替飛行場建設の要請表明を行った。沖縄の戦後史では初めて知事自ら基地建設を求めたのである。それは、沖縄県が代替基地建設の容認に応じたときに、沖縄への振興策や基地返還後の跡地利用対策へ「全力で取り組む方針」を日本政府が表明したことを受けて、知事のとった対応であった。つまり、振興策というお金と基地の受け入れとが取り引きされたのである。その後、普天間海兵隊基地の移設先とされた名護市の了解を得て、日米両政府が復帰後初めての県内移設を実施することになる。

そもそも具体的な建設工法によって住民地域への影響が変わってくるにも関わらず、何も示されずに代替飛行場の受け入れの可否が名護市に問われた。地域住民の安全や環境を最優先すべき地元の自治体に、受け入れ容認を求める日本政府及び沖縄県の責任は重大である。米軍の存在に依存する日本の安全保障政策のコストを日本政府は沖縄に、そして沖縄県は名護市に払わせようとしている。

そして同年一二月二七日、岸本市長は代替飛行場建設容認を正式に明らかにした。この表明によって名護市は「辺野古沿岸域」周辺住民に日米安保のコストをまわすことになる。

受け入れに際し、同市長は、基本的に「住民生活に著しい影響を及ぼさないこと」、それを保証するために日本政府と名護市との間で基地使用協定を締結すること、そして自然環境への影響の小さい施設を求めたのである。この同市長の容認発言と、一九九七年一二月二一日に行われたキャンプ・シュワブ沖の海上基地建設計画に対し拒否を示した名護市の市民投票の結果との食い違いに、注目が集まった。記者会見の場で市民投票の結果と異なる市長決断の根拠を求められた岸本市長は、次のように答えている。*

*沖縄タイムス（夕刊）一九九九年一二月二七日付け、第六面

「新たな基地の建設（に）は反対が多数を占めたことは重く受け止めてきた。しかし、直接の地元である辺野古、豊原、漁業組合、市議会議決などを踏まえてあえて住民投票の結果に反する容認意思表示をした」と。また、名護市の民意は変わったと判断したのかという質問に対し、同市長は「そういう判断材料、尺度をもちあわせていません」と答えている。さらに、辞任して信を問うことの可能性について、同市長は「即座に辞任するとは決めていない（リコール運動があれば）その時その時で対応する」と答えている。

市民投票の結果と市長の容認との整合性は不明とされたが、この時点で、両者はほぼ並ぶ決断として扱われることになる。「市民投票の結果に反する」決断であると認めることによって、この容認表明が先の市民投票の結果に並ぶものだと、市長は強調したかったのであろう。それなくして、この表明の正当性を獲得できないからである。市民投票の結果と対立する決断を、市民とは異なる主体である市長が行ったことで、名護市の人々の意思の所在は複雑な構図となった。この容認表明を機に、信を問う市長選挙が行わ

れれば、その意思のありようは複雑さを増すだろう。市民投票の決断が同じ市民投票で変更あるいは確認されない限り、どのような決着も不安定にならざるを得ないのではないだろうか。

名護市長や沖縄県知事は、「振興策」と「基地の受け入れ」は関係ないと主張する。だが、お金という振興策が欲しいから基地受け入れを認めるのだと多くの沖縄の人は思っているのも事実だ。市長や知事らが基地建設と引き換えに受け取る予定の振興策という成果を共通に力説していることに、多くの人は、その証拠を見出せるからだ。

名護市長の受け入れ背景には、まず、復帰後進められてきた三次にわたる沖縄振興開発計画が北部振興に成果を上げることができなかったことにある。また、沖縄本島の中南部へと人口が集中する流れのなかで、北部の「街」として名護市自身が町作りへの挫折を味わってきたことにある。七〇年代初頭、当時、名護市役所の職員だった岸本自身が提唱した「豊かさ」の内実に依拠する「逆格差論」が、その後の名護市や周辺の町村の発展にインパクトをもったのかどうか疑問が残る。二〇世紀末を迎え、人類が地球環境の重大さへの自覚を深めているなかで、人間（人類）の多くが暮らす都市は「自然」と共存する農村を抜きにしては存在できないと理解され始めている。人間と自然との共存が最も求められる二一世紀を目前にして、名護市長の決断は逆行している。自然と共存する「街作り」の視点から、基地受け入れの可否を判断すべきだったのではないか。

容認条件の一つとして注目される基地「使用協定」は、名護市長の要求に関係なく、新たな基地の提供の際には当然に結ばれることになっている。地位協定第二条一項(a)は、政府の提供する施設及び区域（基地と訓練域をさす）に関する協定を合同委員会で締結することを定めている。その際の締結当事者は、名護市ではなく日本政府と米軍である。

沖縄の人々の関心は、新たに基地が建設されようとするとき、基地の運用・使用に対する地元の声が届き、反映される仕組みを備えているのかどうかにある。市民の安全が第一である市長は、名護市と沖縄に駐留する米海兵隊の最高責任者と直接に協議できる制度を盛り込んだ使用協定を要求すべきだろう。使用者は、政府ではなく米海兵隊なのだから。容認発言前ならともかく、表明後に受け入れ条件の確認を求めたとしても、市長や知事が日本政府を動かすことのできる力が急速に低下しているのは明らかだ。

名護市長の基地受け入れ表明は、そもそも沖縄県知事が普天間代替基地の候補地を名護のキャンプ・シュワブへ選定したことに始まる。もし名護市長が容認表明で責任を問われるとすれば、最大の責任は県知事にあることは間違いない。

変形した三者関係としての「沖縄問題」

ここでは、沖縄の存在そのものが沖縄問題だという意味ではないので、誰にとっての問題なのかを明確にするために、カギカッコをつけることにした。

日本政府にとっての「沖縄問題」とは何か。直接には、日米安保条約において米軍へ約束している沖縄の基地の提供に障害が生まれたときである。政府の対沖縄政策の中心は、長期的で安定的な基地提供にある。間接的には、過剰な米軍基地が置かれている沖縄において、そこに住む人々の基地への不満を和らげ、基地の存在によって阻害される経済機会を補償するための多額の財政移転のことである。

ただしそれは「補償」ではなく、政府は経済振興策と呼んできた。その額は、一九七二年の沖縄返還から二〇世紀末まで六兆円を超す。だが、政府の策定した沖縄振興開発計画の目標である沖縄の自立した経済には依然ほど遠い。日本政府が沖縄経済の財政依存からの脱却を謳いつつも実現しないことへの反省をもたないのは、そもそも基地の過剰負担の軽減化のためのコストとして振興策を捉えているからに他ならない。もちろん、そこには自立よりも既存の利益を守ろうとする沖縄内部からの要求も見逃せない。これら基地と経済の二つが絡み合いながら、沖縄の戦後の歴史において沖縄の将来を決める場面で「沖縄問題」が表情を変えて登場する。

「沖縄問題」をめぐって、日本政府には二つの「交渉」相手がいる。一つは沖縄県であり、沖縄の人々だ。それは、国内政治の一部を形成する。そしてもう一つは米政府である。日本の外交政策の基本枠組みをなし、日米安保条約に基礎をおく日米関係のもう一方の当事者である。日本政府にとって、この二つの異なるレベルの交渉を同時に行わなければならない。つまり、国内問題であり、同時に日米間の問題となるのが「沖縄問題」のもつ特徴であろう。この特徴は、沖縄の立場から見れば、日本政府と米軍・米政府のそれぞれとの関係でもある。米政府にしても、沖縄で基地を維持するためには、日本政府と現地・沖縄の二つを考慮に入れることになる。

これらは、三角関係をなしている。だが、それぞれ辺の長さの等しい正三角形とは決してならない。主権国家でない沖縄は、日米それぞれと「対等」な関係を作れないからだ。多くの場面で、沖縄と日本との間に上下関係が存在し、日米が相並ぶという垂直三角形をなしている。しかも、沖縄からみると、米政府との関係の密度は薄く、それに対し日本とのそれは濃く、太いパイプで結ばれている。希ではあるが、場面によっては、三つの極が、ほぼ同じ程度の距離、緊張の関係になることもある。九五年秋以降の大田知事のワシントン訪問は、沖縄と米政府、沖縄と日本政府のそれぞれの関係がほぼ同じ程度の関係、つまり、二等辺三角形に最も近づいたときであった。しかも、日本政府と沖縄との関係ほどではないにせよ、沖縄と米政府との関係が太くなったのも確かである。

日本政府、米政府、そして沖縄の三者の関係が垂直三角形から二等辺三角形に変化する動きが出てくるとき、「沖縄問題」が国内政治、日米関係のなかに登場する。さらに変化が加わって、二等辺三角形から正三角形に近づいていくと、日本政府と米政府に対する沖縄の発言力（交渉力と呼んでもいい）が最大となる。沖縄と米政府との直接的な接触や関係を絶ち切って、日本政府はこの関係を垂直三角形へ押し戻そうとする。基地提供を安定化させるためには、政府と沖縄県の垂直関係が最も都合のよい環境であるからだ。その垂直関係を支えるのが、いうまでもなく振興策である。特徴は、財政依存状態が続く沖縄経済には振興策が不可欠となっていることだ。打ち続けなければ痛みがますます強まる「麻薬づけ」の状態ともいえる。依存構造が温存される限り、沖縄で基地不満が高まろうと、振興策を梃子に、日本政府が沖縄の人々の態度に（生活に）影響を持ち続ける仕組みとなっている。自立経済という言葉が、返還後の三次にわたる政府の沖縄振興開発計画に登場したけれども、計画に関与した人々の間でどれほど真剣に語られてきたのか疑問だ。時間の経過とともに、沖縄経済の日本政府への財政依存は一層深まるばかりだからだ。

振興策に関する日本政府の沖縄への対応は、大きく三つにまとめられる。一つ目が、毎年増額される沖縄振興開発経費に特徴的に現れている。新たな報償の実施である。二つ目は、報償の約束である。普天間の県内移設を受け入れれば、新たな振興策を与えるという今回の政府の態度は、その典型だ。三つ目が、現在与えている報償の停止。九八年二月以降の大田県政への政府の対応は、その一つだ。報償停止という脅しで、沖縄県の政策変更を求める措置をとったのだった。

普天間移設を中心に捉えてみると、これまで述べた日・米・沖の歪んだ三者関係が重なってくる。日本政府と米政府の関係はSACO（沖縄の米軍基地に関する特別行動委員会）の合意である。日本政府と沖縄県との関係は、首相を除く全閣僚、内閣官房長官と沖縄県知事とで構成される沖縄政策協議会にある。沖縄県と米政府（沖縄駐留の米軍も含む）との関係は、基地の存在に伴なって生じる問題の具体的解決をめぐる非公式な話し合いである。大田前知事が訪米して基地の整理縮小を訴えたことに米政府が対応し、両者間で踏み込んだ解決方法を模索したことがその例となろう。

九八年六月の大田訪米時には、こうした関係の密度が低下した。背景に、沖縄問題は日本の国内問題だという日本政府からの米政府への突き上げがあって、日米両政府は、それぞれの足並みを揃えることに両者の利益を見出したのだろう。同年二月の海上基地受け入れ拒否という大田知事の表明は、米政府にとって具体的な問題解決という前提が崩れたことを意味し、その結果、米政府は日本政府の要求に沿う態度へと変更したのであろう。

もう一方で、「沖縄問題」を取り上げて、米政府が日本政府への圧力をかけることもあり得る。例えば、一九九五年秋から一九九六年四月の間の日米安保共同宣言に向けた日米交渉（共同作業とも呼べる）の間に、日本の外務、防衛官僚が困難だとした普天間返還案を橋本首相自身がクリントン大統領に持ち出して日米合意となった。と同時に、米側の求めた緊急時の米軍支援策となる「ガイドラインの見直し」が、当初の案にはなかったけれども、共同宣言に取り入れられた。*また、一九九八年五月から六月にかけて日本政府のガイドライン関連法案への取り組みが弱い頃、米政府は日本政府との間で進めていた海上基地建設計画文書を沖縄側に漏らしている。ある意味で、大田県政は「アメリカ・カード」を使って日本政府へ圧力をかけ、米政府は「沖縄カード」を使って日本政府に圧力をかけあってきたといえるだろう。言うまでもなく、それぞれのカードの裏には「沖縄問題」が張り付いていた。

＊拙稿「新ガイドラインと海上基地」『軍縮問題資料』一九九八年一一月号＝本書収録。

米政府の思惑

米政府における「沖縄問題」とは何か。戦略的に重要な位置にある沖縄に前方展開できる基地を置き、それらの基地の自由使用がほぼ保証され、基地の維持費用への「思いやり予算」による十分な保護を受けている米軍にとって、何が問題とされているのだろうか。国防省でキャンベル国防次官補代理の下で「沖縄問題」を担当してきたグレグソン海兵少将とサコダ国防省日本部長が連名で書いた小論文が、海兵隊の雑誌「マリン・コー・ガセット」誌（一九九九年四月号）*に掲載されている。彼らにとって「問題」は、日本本土や沖縄の基地に前方展開する米軍兵士が「歓迎されるゲスト」、「よき隣人」になり得るのか、ということだという。それは冷戦がおわった今、米軍の受け入れ国との文化的、政治的摩擦を起こすことなく、前方展開戦略を維持できるのかにある、と指摘する。

＊MajGen Wallace C. Gregson and LTC Robin "Sak" Sakoda, USA, "Overseas Presence : Maintaining the Tip of the Spear", *Marine Corps Gazette*, April 1999, pp.55-53.

つまり、外国軍隊が駐留する基地に対する周辺住民の承認、支持を得ることができないとなれば、将来、戦後の米軍の基本戦略である前方展開を米軍は見直す必要に直面せざるを得ない。それを回避すべく、周辺住民からの承認のレベルを下げるような基地が必要となる。つまり、周辺住民との関わりを弱めることだ。県内に移設される普天間の代替は、住民地域から離れ、小規模の基地となる海上基地になる。グレグソンらは、作戦上の必要性は当然のこととして、政治的、技術的な問題に加えて環境への影響を考慮し米軍が普天間移設を検討すべきだと強調する。

だが、代替基地の建設費、環境への防止策、そして受け入れ先への振興策は、すべて日本政府の負担で行われるのである。地元の支持を得るための振興策に加えて、米軍の要求する軍事的必要性を満たした基地が提供されれば、米軍にとっての「問題」は解決されると考えているのだろう。普天間返還を決めたSACO勧告のなかに、「安全および部隊の防護の必要性にこたえつつ、在日米軍の能力及び即応態勢を十分に維持すること」と明記されている。その後、米政府が一貫して主張していることは、軍事的必要性を満たす代替基地の要求である。つまり、米政府が軍事作戦能力の維持という視点から、規模、移設先、付属の施設などを決めるのである。

一九九六年一二月のSACO合意以降、普天間基地の県内移設をめぐって嘉手納基地への統合案、キャンプ・シュワブ沖の海上基地案などが登場した。だが、その代替基地を使う米海兵隊は、当初から、キャンプ・シュワブの沿岸部を埋め立てて、二五〇〇メートル級の滑走路をもつ飛行場と、可能ならば付属施設として大型の湾岸の建設をも目論んでいた。今回の稲嶺知事の移設先表明を受けて、米政府は「地元の支持が得られたことは重要」とし、返還に向けた進展だと歓迎している。だが、稲嶺知事の主張する一五年の使用期限設定は受託不可能だとして、日本政府に対し地元説得を求める、と述べている。場所選定について、キャンプ・シュワブ沿岸部という知事提示を受けて入れている。もっとも、事前に日本政府を介して了解済みのことであったろうことは想像に難くない。米政府が一五年の使用期限を拒否するのは、一五年の期限つきでは軍事作戦能力が維持されない。また、一五年後の返還に合意すれば、アジアにおける米国の他の同盟国に誤ったシグナル、つまりアジアから米軍が撤退するというメッセージを伝えることになるからだ。

日本政府は、日米安保条約上、米軍に対し基地提供義務を負う。基地をどのように使うのかについて、これまで日本政府は米政府へ要求したことはほとんどない。基地使用の取り決めでは、日本有事（秘密合意で韓国有事も含む）を除き、沖縄を含む在日米軍基地からの「直接出撃」の際に、日本政府は米政府より事前協議を受けることになっている。事前協議の際に、はじめて日本政府には米軍の行動に口を挟む機会が設けられる。また、核兵器の持ち込み（通過、寄港を除き、貯蔵、配備のみをさす）と大規模な米軍部隊の配備に際して事前協議が行われることになっている。日本政府にはこの三点以外に米軍の行動を拘束できない。

米軍が了解しない以上、日本政府には使用期限を定める選択の余地はない。また政府自身も期限設定に否定的でもある。現状だと、「現実対応」の稲嶺知事は「要求したが、実現可能性がなかった」と、次の知事への申し送り事項におさめるのか。あるいは、日本政府が曖昧模糊とした表現で、米軍の要求を実現し同時に地元にも配慮する形の声明を出してケリをつけるのだろうか。自ら公約をした一五年使用期限、つまり一五年後の返還確約もなく、知事は将来にわたり沖縄の拘束する移設表明を行ったのである。任期三年経てもなお稲嶺知事は、「使用期限」を要求し続けている。

普天間基地の県内移設のはじまり

九五年九月に起きた沖縄での米兵によるレイプ事件を契機に、「沖縄問題」が日本政治の課題あるいは日米関係において処理されるべき問題として、一九六〇年代後半の沖縄返還以来、再び登場することになった。これまでにも米兵によるレイプ事件が起きてきた沖縄において、この事件に沖縄の人々の関心が集まったことは時代の変化を象徴しているといわざるをえない。一九九五年は戦後五〇年であった。この五〇年の間に生まれた冷戦が終焉し、新しい秩序形成への期待が高まるなか、これまで存在してきた沖縄の米軍基地に変化の兆しすら訪れず、むしろこれからも存続するということは、沖縄の人にとって、どのような説明を受けても容易に納得しがたいものがあった。

また、ＡＰＥＣに象徴されるアジア太平洋の時代に、沖縄も積極的に関わり、自らの経済機会を増大させ、財政依存からの脱却を図り、豊かな沖縄の二一世紀を構想する計画が、沖縄内で打ち出されるようになっていた。こうした沖縄の経済構想は、バブル後の日本経済の再構築という流れのなかで、地元経済界からも推進されていた。その一つとして、当時の大田県政が打ち上げた国際都市形成構想があった。その旗振りをした一人が、稲嶺恵一氏（現知事）である。

「沖縄問題」が日本の政治の具体的な課題となったのは、米軍基地の提供のために行われてきた土地の強制収用に支障をきたす事態が生じたことにある。沖縄の米軍基地のほぼ三分の一は、個人の有する土地の上に造られている。残りの三分の一ずつを、国有地と県及び市町村有地がそれぞれ占める。現行の駐留米軍用地特別措置法（以下、特措法と呼ぶ）では、基地提供のために土地の契約を拒否する土地所有者の意志に反して、政府はこれらの土地を強制収用できることになっている。九七年四月の改定前までは、強制収用の手続きの過程において知事の署名が必要とされていた。知事の署名が契約を拒否する土地所有者に代わるものとされるため、代理署名と呼ばれる。一九九七年五月一五日に収用期限が切れる米軍用地の更新手続きのなかで求められていた代理署名を、一九九五年九月、当時の大田昌秀知事が拒否したことが、日本政府と沖縄県の「沖縄問題」のスタートとなった。そして、知事の代理署名がなくとも強制収用を可能とする一九九七年四月の特措法改定によって、「沖縄問題」をめぐって政府に対する大田県政の交渉基盤が大きく崩れることになる。

米軍基地の長期的固定化を危惧する大田知事の要望に沿って、九六年四月一二日、記者会見場で並んで立つ橋本首相とモンデール駐日米大使が、県内に代替施設を条件とする普天間返還を打ち出したのである。

この普天間県内移設計画は、基地の整理縮小を求める沖縄の声に対する日米両政府の回答であった。

日本側から外相・防衛庁長官、米側から国務長官・国防長官らで構成される日米安保協議委員会（SCC）の下に設置されたSACOでの検討が最終報告としてまとめられ、九六年一二月二日に公表された。同最終報告書は、普天間基地の代替として(1)嘉手納空軍基地への統合案、(2)キャンプ・シュワブにおける（陸上部での）飛行場建設案、(3)海上基地案の三案から海上基地案を最善とし、普天間基地の移設先として沖縄本島の東海岸沖とした。このSACO勧告は、普天間の代替を海上基地だと明確にした。SACO勧告には、目玉となる基地の県内移設計画の他に、北部訓練場一部などの返還、県道一〇四号線越え実弾射撃訓練の本土移転、普天間配備のKC－一三〇航空機の岩国基地への移駐、そして公用車両のナンバープレート表示など地位協定の運用改善が含まれていた。

当時の報道の予想通り、まもなくして「東海岸沖」がキャンプ・シュワブ沖だと判明した。そこで、基地建設を自ら容認するのか否かの判断を求められる名護市が「沖縄問題」の舞台に登場することになり、また名護市民にとっての混乱の始まりであった。

名護への移設

一九九七年末に普天間基地の代替飛行場受け入れの決断を名護市に迫ったのは、いうまでもなくSACOの日米合意に従って移設先を決定した日本政府であった。政府は、当時の大田知事にもキャンプ・シュワブ沖移設計画への支持を求め、そのうえで政府、沖縄県とが一体となって名護市の受け入れ表明へという手順であったと思われる。

なぜ、名護市のキャンプ・シュワブ沖が普天間基地の移設先に選ばれたのか。宜野湾市の真ん中に居座り市街地に囲まれる形で存在する普天間基地は、万一事故が起こった場合、危険性が高いことは衆目の一致するところだった。宜野湾市の人口が年々増えてきたにも関わらず、普天間基地に配備されている航空機の数、その兵力、面積に変化はなく、住民が必要とする土地の返還すら行われなかった。宜野湾の市街地の拡大に伴って、年々、普天間基地に隣接している地域の事故による危険性が増してきたのである。市街地化してきた沖縄本島の中・南部では、基地の存在によって起こる住民地域への危険性が高いといえる。

移設先を県内とするのは、米海兵隊自身に事情があるからだ。米海兵隊は、地上部隊と航空部隊とが一体となって作戦行動の取れる即応性をもつ兵力であるとされている。米海兵隊には三つの海兵遠征軍(Marine Expeditionary Force)があり、その内、唯一海外に配備されているのが第三海兵師団と第一海兵航空団を主力とする沖縄駐留の第三海兵遠征軍(ⅢＭＥＦ)である。他に、沖縄県浦添市のキャンプ・キンザーを拠点にして補給・兵站を担当する第三海兵役務支援群は、朝鮮戦争規模の大規模地域紛争にも対応できるとされている。そして、佐世保を母港とする強襲揚陸艦ベローウッドなど三隻の艦船に乗り組んで前線へ投入される即応能力が最も高い第三一海兵遠征隊(31stＭＥＵ)などをその指揮下におく。地上部隊との密接な連係を行ううえで不可欠とされるヘリコプター部隊が普天間基地の中心である。米海兵隊は、普天間基地の代替基地を地上部隊の配備されている沖縄本島内に求めているのである。それは沖縄に駐留する米海兵隊の規模そのものの縮小がなければ、基地の整理・縮小はありえないことを物語っている。

こうした条件からすれば、沖縄本島の中・南部に比べて人口の希薄な北部において、飛行場設置可能な地理的環境の条件を満たすのはキャンプ・シュワブしかないのである。一九六九年、米軍が当時の那覇空軍基地の代替可能な飛行場の場所を調査している。その結果によると、本部半島の旧上本部《かみもとぶ》飛行場と当時の久志村のキャンプ・シュワブの二個所を適地とした。ベトナムからの米軍撤退や国防予算の大幅削減により、代替飛行場建設計画はとん挫した。橋本首相によれば、民間地域への影響を最小限にするには、海上しかなく、日米が検討した結果、海上基地となったという。沖縄の人々の反基地感情、万一の事故などへの配慮が、北部へ、海上へと普天間の移設先を動かしていったということだろう。

一九九七年一二月の市民投票において、名護市の人々は政府の提案するキャンプ・シュワブ沖での海上基地建設拒否を明確にした。政府は名護市への振興策を具体的に示し、投票直前まで防衛施設庁は職員を動員して住民説得という直接的な介入を行ったにも関わらず、結果は敗北であった。建設反対の市民グループは自然発生的に高揚していったが、投票日に近づくにつれ、反対運動支援のために沖縄県外から住民投票の運動家たちが乗り込んで来た。賛成、反対のいづれの応援も、名護市民の反発を買うことになった。地元の名護市民以外による関与に対する名護市の人々の拒否姿勢が明白になったのは、市民投票の結果に不満をもった当時の比嘉鉄也・名護市長の辞任に伴なう市長選挙であった。一九九八年二月八日、保守系でありながら、自民党本部や県連からの応援を断って選挙キャンペーンを展開した岸本建夫・現市長が当選した。このことは、地元以外の人たちの介入が逆効果を生むという教訓を残すことになった。その結果、同年一一月の知事選挙に際して自民党がとったのが「地元尊重」という名の強制であったのである。

「県民党」を標榜しながらも、名実ともに自民党本部の全面的な応援を受けた稲嶺氏が当選を果たした。「県政不況」や「基地より振興」のキャッチ・コピーに加えて、告示以前から町中に張り出された「失業率九％」「チェンジ」というメッセージのみのポスターが有権者の投票行動に影響を与えただろうことは想像に難くない。最悪の県内失業率は、九八年八月の九・二％であった。*その数字が「県政不況」コピーを生み出したのだった。しかし、稲嶺氏に投じられた期待に反し、九九年に入っても失業率は八％台を推移し、同年七月には八・七％となり、過去二番目に悪い数字となった。稲嶺県政が誕生して一年以上経過してもなお、依然として沖縄の経済不況は続いている。そのことにより、少なくとも、政府の提示する振興策への最大の誘因ともいえる経済環境が、財政依存型経済にある沖縄において持続しているといえるだろう。

*「琉球新報」一九九九年九月三日、社説。

日本政府の対沖縄政策

一九九八年一二月、稲嶺県政が誕生した頃、日本政府の対沖縄政策は期待をかけつつも同時に慎重さをにじませていた。政府は稲嶺氏が知事に就任した翌日の九八年一二月一一日、一年一カ月ぶりに沖縄政策協議会を再開し、そこで小渕首相が使途をあらかじめ定めない特別調整費として約一〇〇億円を含む総額二〇〇億円を九九年度予算に盛り込むと表明した。

ちなみに、大田県政時の特別調整費五〇億円に比べて倍増となったのは、稲嶺県政への政府の熱い支援によるものであった。大田県政への五〇億円の特別調整費を政府が決めたのは、これまで拒否していた未契約土地の強制収用のための公告、縦覧代行を大田知事が九六年九月一三日に受け入れたことと連動している。その後、沖縄に対する政府の経済振興策への動きが本格化したのである。

稲嶺県政誕生の頃、野中広務官房長官（当時）は普天間基地移設については「沖縄県の提案を待つ」として、政府の「頭越し」の対応を否定している。同時に、「変化が目に見える形での」振興策を提示する用意を述べている。つまり、名護市長選、そして沖縄県知事選挙の結果から、沖縄の内部からの基地容認を時間をかけて引き出すことが可能だと考え出したのではないだろうか。日米安保において基地提供に自らの役割を求めてきた日本政府にとって、九五年秋以降に沖縄からの燎原の火のごとく反基地運動が燃え広がったことは、「悪夢」だったに違いない。だからこそ、沖縄の要望する振興策への財政支援を行うことで、日本の安全保障の根幹を揺るがす「沖縄問題」の再発を抑えて「悪夢」から解放され、そして長期的で安定的な基地提供の環境作りをめざすことになったのであろう。

「沖縄問題」のイニシャティブを握って政府に対しさまざまな要求を繰り出す大田県政のスピードに慣れてきた政府にとって、稲嶺県政の動きは緩慢に映っていたに違いない。ある意味で政府と自民党が全面的に応援して誕生させた稲嶺知事であるだけに、政府の稲嶺県政への期待は知事自身の想像を超えて強かった。すぐにも普天間基地の県内移設へと取りかかれると判断した防衛庁では、県内移設を加速化させる体制づくりに入った。しかし、稲嶺県政側の歯車の回転は鈍かった。むしろ、九九年初頭の沖縄では、地元の公明党の後押しもあって浦添市にある米海兵隊補給基地キャンプ・キンザー沖合いを埋め立てて港湾を建設して、その一部に那覇軍港を移設する計画に多くの関心が注がれていた。ハブ港湾をめざす浦添の沖合い埋め立て計画には、兆単位の費用規模が見込まれていた。

一九九九年四月二九日、G8会議（サミットあるいは先進国主要国首脳会議と呼ばれる）の沖縄開催が発表された。同時に、蔵相会議と外相会議は福岡と宮崎で開催するとされた。事前の予想を覆す政府の決定だった。参加各国持ち回りで開催されるG8会議は首都以外での地方開催が多くなってきたため、日本政府もG8のなかでは最も遅く地方開催を行うことになっていた。札幌、仙台、大阪、福岡、宮崎、沖縄などが名乗りをあげていた。報道によれば、外務省の事前調査では沖縄県は開催地として第二グループのランク付けだったが、小渕首相と野中官房長官の強力な後押しがあったという。「いろいろな沖縄問題の解決につながればいい」（野呂田芳成防衛庁長官発言）、「基地問題の解決に向け（沖縄県民への）大きな期待を示した」（政府高官発言）などに象徴されるように、G8会議の沖縄開催決定は稲嶺知事を中心に県民自らが普天間基地の県内移設問題への解決に取り組むことへの小渕政権の期待感の表れだと報じられた。それに対し、沖縄県首脳はG8開催決定と普天間基地移設など基地問題とのリンクを否定した。開催決定までは、確かに、普天間基地移設との直接的な関連づけを政府内部において自覚されていなかったかもしれない。

G8会議開催決定の政治的影響

しかし、九九年六月のケルンでのG8会議（一八日から二〇日まで開催）前後に、「サミットと普天間基地県内移設のリンク」論が波状的に登場した。例えば、六月上旬にフォーリー駐日米大使が稲嶺知事を訪ねた際に、普天間基地移設を「いつまでも先送りはよくない」と発言している。そして、六月二〇日にはケルンで開かれた日米首脳会議でクリントン大統領は、普天間移設促進を求め、二〇〇〇年の沖縄開催での再会を楽しみにしていると述べた。沖縄を震撼させたのは、六月二五日のホワイトハウスでの記者会見でのクリントン大統領の発言だった。「来年沖縄に行く前に、（中略）特に普天間飛行場の移設問題の解決に向けた努力するつもりか」という日本人記者に質問に答えて、クリントン大統領は「もちろんだ。問題が浮いた状態のままでは行きたくない。（中略）来年の訪問までに、未解決の基地問題のすべてが、解決することを望む」と述べた。

「サミットまで」という瞬間的締め切りを設定した普天間の県内移設への決着を求める声が、公に登場したのである。しかも、米大統領から飛び出したのだから、「サミットと普天間とのリンク」を否定してきた沖縄県はその対応に苦慮した。日本政府は、米国からの「サミット前決着」発言の沈静化に努めたようだが、六月二九日の政策協議会の場で野中官房長官が「普天間基地の早期解決」を求める発言をした。七月二三日には、野呂田防衛庁長官が普天間基地の県内移設を「年内に片づけたい」と述べた。

これらの一連の発言の背景には、政府内で「年内決着」をめざしたシナリオが作成されていたのではという疑惑が強まっていく。それを窺わせる記事報道が、クリントン発言以来、登場し始めるからだ。七月に入って沖縄の地元紙や全国紙が伝える政府内で作成された「年内決着」シナリオによれば、現在の普天間基地を抱える宜野湾市議会が県内移設決議を行う、それを受けて本島・北部で振興策などを代償に受け入れの声をあげ、そして県議会が移設促進決議を行い、そのうえで「年内」に稲嶺知事が北部への移設決断を表明するという流れである。一一月九日、一〇日、そして一四日には、相次いで地元紙の入手した「普天間移設のシナリオ」とされる複数の政府内部文書の存在が紙面にて明らかにされた。記事によれば、それらは七月上旬、九月一日、一〇月初旬に作成された文書である。共通しているのは、「沖縄の自主性」「北部振興策のタイミング」「返還後の跡地利用」そして「年内決着」などのキーワードである。

一〇月末から一一月初旬にかけて全国紙、地元紙が「沖縄県はキャンプ・シュワブ周辺への普天間基地移設を内定」と先を争うように報じ始めた。それぞれの記事に「生活環境、自然環境に配慮した」安全な飛行場建設というフレーズが登場する。これらのキーワード、フレーズは、「年内決着」をめざした政府内部文書にすでに登場していたのである。とりわけ、全国紙に掲載された普天間基地関連記事のなかで「年内決着」シナリオの記述は、これらの政府内部文書に影響を受けて書いたものと思われる。なぜなら、同じ表現が登場するからだ。しかも、その後に政府の提示する施策あるいは沖縄県の方針などに関する記事の多くが、沖縄ではなく東京発で書かれていると思われる。どのような経路で記事が書かれたのか、より詳細な検証が必要だろう。

なぜ地元の声の「尊重」なのか

メディアで「年内決着」が報じられると、七月末、政府は「期限を定めていない」とする表現へと変え始めた。「サミットまで」、「六カ月以内」の解決をとしていた米政府も、日本政府と足並みそろえて、期限の言及を回避するようになった。にもかかわらず、「年内決着」がメディアの紙面を飾り続けてきた。例えば、メディアは知事の発言の「早期解決」を「年内に」と記事は読み替えて来た。実際、稲嶺知事は「年内決着」を念頭においたと判断される「最終段階」という答弁を県議会で行い、「一日も早く」という表現もした。知事の明確な意図を掴もうとして「年内決着」と繰り返される報道によって、むしろ「年内決着」が既定方針となっているという印象を県民あるいは読者に植え付けることになった。つまり「年内解決」を念じている知事の考えを引き出す努力が、結果として、かえって固定化させる役割を担ったと解釈できないだろうか。これは誰かがコントロールするだけではなく、それぞれのプレイヤーの意図や予想を越えてさまざまな影響を相互に与え続ける政治のダイナミズムの好例だといえる。その意味で、紙に書いたシナリオしかもっていない政府も、不安のなかの手探り状態なため、身近なメディアを通じて状況に介入し、事態の進展に影響を及ぼしたと思われる。

普天間基地移設をめぐる動きは、先の政府のシナリオにほぼ沿うように進行していった。まず、八月二一日未明、宜野湾市議会は普天間基地の「県内移設」を認め、移設先早期決定を求める要請決議を、可否同数のため議長採決で可決した。先のシナリオにとって狂いが生じたのは、名護市議会では与党の保守系議員から提案された新空港建設決議案が否決されたこと、またキャンプ・シュワブ周辺の行政区での移設反対決議が行われたことだった。しかし、一〇月一五日未明に、沖縄県議会は与党・保守政党提案の「普天間飛行場の早期移設県内移設決議」を賛成二五、反対一九、棄権二で可決した。県議会史上、初めて基地建設を認める決議が行われたのだった。

その直後から、名護市では、内閣内政審議室の担当官が北部の一二市町村との会合を開き、地元からの振興策要求を出すよう求めたのを皮切りに、政府と地元との接触を開始した。一二月二三日早朝、徹夜審議を経て名護市議会は、「普天間飛行場の名護移設辺野古沿岸域への移設整備促進決議」を与党の賛成多数で可決した。その決議は、「SACOの合意事項」の実施を重要視して、段階的な基地の負担軽減化を図るうえで、この基地の整理縮小のやり方を現実的な選択だという。また、決議は、代替飛行場の受け入れに際し、地域住民への安全対策にむけた基地使用協定、その使用期限一五年要望を重く受け止めて日米交渉での結論、地位協定の運用見直し・改定、周辺地域の振興のための特別立法、受け入れ地元の意向の最大尊重、跡地利用のための特別立法などをあわせて要求した。

こうして、名護市議会、稲嶺恵一・沖縄県知事、沖縄県議会、宜野湾市議会のそれぞれが「SACOの合意事項の遵守」を唱えて県内移設による普天間基地の代替飛行場建設を求めた。受け入れ地元の名護市及び周辺の北部への振興策について政府からの「約束」を確認して、一九九九年一二月二七日、岸本・名護市長の代替基地建設の容認表明が行われたのである。

それは奇妙な論理である。一九九六年一二月に、SACOは普天間基地の県内の移設先に海上基地を建設、その滑走路はヘリコプター使用の一三〇〇メートルとするという勧告をしたのである。だが、これらの議会は、どのような形態の基地となるのかも示さず、民間機が離発着できる長い滑走路（二〇〇〇メートル以上）をもつ軍民共用の飛行場建設をという知事の要望に沿うこと自体が「SACOの合意事項」に対立している。そもそも知事の選挙公約は、SACOの実施とかけ離れているのである。さらに、一九九九七年の一二月の市民投票でＳＡＣＯの勧告する海上基地案はすでに拒否されている。埋め立てであろうと陸上であろうと、軍事的要求を満たす代替飛行場ならいいのだとする米政府も、自らＳＡＣＯ勧告に違反しているのだ。海上基地以外の代替飛行場をキャンプ・シュワブの水域及び陸上部に建設する案はＳＡＣＯの勧告に反し、日米合意と対立することになる。今や、どこにも出口のないＳＡＣＯに基づく名護市への基地移設計画となっているのである。

なぜ政府は「頭越し」ではなく「地元の声への尊重」態度をとるのか。

狙いの一つは、「地元の声（要請）」は、後日、最大の大義名分となる言質になるからだ。沖縄で生み出される反対運動の気勢を殺ぐのに有効であるばかりでなく、いざとなれば責任転嫁として使える。つまり、大田前知事が普天間基地返還を言い出したのであって、それに政府が応えているのだ、という理屈だ。普天間基地移設問題の「ボールは沖縄にある」というフレーズも同根だ。今こそ沖縄が答えを出す番だとして、沖縄県をはじめ名護市に対し「年内決着」をめざす圧力となったといえる。

狙いの二つ目は、決定権を握るイニシャティブ（主導権）にある。九五年秋以降の「沖縄問題」で一貫して政府が維持しようとしたのが、この最終的に決定する権利の保持にあったといえる。最終的に決めるのは誰かといえば、政府であるというのが日本の官僚の間での「常識」であった。逆に言えば、それが「沖縄問題」で揺れ出していたからに他ならない。振興策を政府が提案して、「沖縄の人々」に承認を得ることではなく、沖縄から要望として出された提案を政府が受けて、検討し、最終版として決定することである。承認を与える「沖縄の人々」とは、県民の代表となる県知事の場合が多かったが、ときには市民投票を行った名護市民でもあった。だが、一九九六年九月に沖縄で実施された県民投票は政府の提案を受けて行ったわけではないため、これには該当しない。むしろ、昨年一〇月の県議会での「移設促進決議」のような意見表明が、沖縄の了解として受けとめられる。使い方によって、こうした決定は政治的効果をもつ。決議イコール県民の意志だ、という解釈の根拠の一つになるからだ。

狙いの三つ目は、長期的視点に立っての「沖縄問題」との決別であろう。沖縄の人々の基地への不満を封じ込める方策である。つまり、沖縄の人々自身が基地容認していると沖縄の人々に対して示すことによって、基地に対する沖縄の不満への自主規制を最大化させ得るのである。基地に対する沖縄の人々の「無力感」を培うことだともいえる。例えば、大田前県政の前に三期一二年続いた西銘県政時代はそのバリエーションの一つだ。自分たちが選んだ知事は保守であり、安保容認だが、政府からお金を引き出せる力がある、と。基地がなくなるはずはないから、お金を政府から引き出すことが最も優先されるべきだという利益誘導型政治の表現である。

「沖縄問題」に関わってきた政府関係者の間では、「地元の意志で決めた普天間基地のキャンプ・シュワブへの移設で、もう基地に対する沖縄からの不満を聞かなくて済む」という感慨を抱き始めたのではないか。同時に、かつての「悪夢」を蘇らせる反対運動への恐怖も付きまとっているのであろう。それでも、振興策を提示すれば政府を支持する保守系の人々が確実に存在するという点は、政府にとっての安心材料に違いない。

時代に取り残される新たな軍事基地建設

そもそも振興策で基地建設を押し付けることは、たとえ経済的に開発が遅れている沖縄本島北部であっても、もう受け入れられない時代にさしかかっているのではないだろうか。円・ドル交換レートによるが、所得で比較すると、日本では最下位の県民所得にある沖縄は先進工業国内でも上位に位置するのだ。また、先進工業国では、経済的な豊かさを享受し、価値観が多様化し、経済成長よりも環境保全の優先が叫ばれる時代へとはっきりと移ってきた。日常の食べ物でも値段より味わい、形より安全という感覚が高まり、その方向へと向かっている。物質への欲望が軸となった近代から、自然環境、生活環境、町並み、暮らし、音などへの欲望が増しているポスト近代の時代へと確実に移りつつあるのだ。必死に努力して頑張るだけよりも、自分を「豊か」にすることが魅力あるとされているのだ。歌って、踊れるアクターズ・スクールの子供たちが日本の消費文化のなかで価値あるものとされるのも、時代の要請なのだ。全国最低の県民所得であっても先進工業国に位置する日本のなかにあって沖縄もポスト近代へ足を踏み入れている。

そこへ、戦争と革命の世紀であった二〇世紀の遺物である大型の軍事施設を造るのは、相容れないはずだ。キャンプ・シュワブの海岸線に残る白砂のビーチを破壊し、自然環境を変える埋め立てによる飛行場がいかにグロテスクに映るのか想像できよう。陸上案、埋め立て案などは、「重厚長大」の高度成長を前提とする時代の遺産だ。沖縄社会の変化からすれば、陸上、埋め立てなどによる飛行場建設は時代と逆行しているといえるだろう。海上基地は、高度な技術、隔離性、移動性などからすると、ポスト近代により適合しやすい軍事施設かもしれない。もっとも、環境への悪影響があると判定されている点では、適格性を欠いているのは間違いない。

稲嶺知事は、選挙公約として普天間基地の代替として海上基地案に反対し、地域振興につながり将来の県民の財産となる「軍民共用」空港の北部建設を打ち出している。「軍民共用」のうち、軍の使用期限を一五年に限るという公約もしている。一五年使用期限については、先に延べたように米軍の強い反対を受けている。臨海型産業を付随した「軍民共用」空港の形態は、必然的に、ヘリコプターの離発着を前提とする一五〇〇メートルと八〇〇メートルの海上基地に比べ、民間航空機が離発着できる滑走路をもつ大規模な施設となる。海上、杭打ち、埋め立て、これらの組み合せなどの工法が検討されているようだ。その裏では、建設となれば数千億円の事業となるだけに、それぞれの工法の造船、ゼネコン、開発など日米の業者が入り乱れての争奪戦が繰り広げられている。

「軍民共用」について、米政府は軍事作戦能力を維持するのに支障がない限りという条件で柔軟に対応できるとする。空いている場所、空いている時間を使って、米軍の許可の下での民間航空機の乗り入れを認めるということだろう。キャンプ・シュワブの新たな飛行場へ民間機が乗り入れる場合、その需要見通しについての調査すら行われていない。地方空港への利用が全国的に落ち込んでいるのが現状である。

二一世紀という時代は大型の軍事飛行場を求めていない、ということだ。いかに沖縄が財政依存経済であろうと、お金によってのみ基地が受け入れられる時代は終焉した。今、沖縄では「チャースガ（どうする）沖縄」、「マーンカイ（どこにむかう）沖縄」というフレーズを耳にする。それは沖縄というより日本政府にも同じく言える。「どうする日本」あるいは「どこへ行く日本」の安全保障、と。

「沖縄問題」のはじまり

なぜ、日米安保が「沖縄問題」と結びつくのか。それは、一九六〇年一月一九日に調印され、同年六月二三日に発効した現行の日米安保条約第四条、五条、第六条に関連するからだ。引用しよう。

「第四条　締約国は、この条約の実施に関し随時協議し、また、日本国の安全又は極東における国際の平和及び安全に対する脅威が生じたときはいつでも、いずれか一方の締約国の要請により協議する。

第五条　各締約国は、日本国の施政権下にある領域における、いずれか一方に対する武力攻撃が、自国の平和及び安全を危うくするものであることを認め、自国の憲法上の規定及び手続きに従って共通の危機に対処するように行動することを宣言する。（略）

第六条　日本国は安全に寄与し、並びに極東における国際の平和及び安全の維持に寄与するため、アメリカ合衆国は、その陸軍、空軍及び海軍が日本国において施設及び区域を使用することを許される。

前記の施設及び区域の使用並びに日本国における合衆国軍隊の地位は、一九五二年二月二八日に東京で署名された日本国とアメリカ合衆国との間の安全保障条約第三条に基づく行政協定（改正を含む）に代わる別個の協定及び合意される他の取極により規律される。」

第四条は、安保条約が発動されるときを示している。それは、ひとつに「日本の安全」であり、そして「極東における国際の平和及び安全」である。四条そのものはまわりくどい表現を取りながら、実質的に安保条約の目的を述べている。これら二つは、以下の条項においても繰り返される。

第五条において、義務ではないが日本有事の際には米国は日本防衛のため共同行動作戦を行うとされている。ここでいう「いずれか一方に対する武力攻撃」とは、日本だけでなく、在日米軍基地をも含んでいる。大規模な紛争だと、日本有事も米軍基地攻撃も同時に起こるであろうから、この二つを分けることの意味はほとんどない。だが、米軍基地をターゲットとするテロのような場合、日本は米軍との共同作戦を取ることとなる。旧安保条約には、日本有事の際に米国の執る措置についての明確な表現がなかった。それに比べ、この五条により現行安保条約での日米の双務性が高められたことを示している。

第六条において、日本は米国へ基地の提供を義務づけられている。その具体的な取り決めは、地位協定で定めている。この六条は、一九五二年発効の旧安保条約第一条「アメリカ合衆国の陸軍、空軍及び海軍を日本国内及びその附近に配備する権利を、日本国は、許与し、アメリカ合衆国は、これを許諾する」とした内容を引き継いでいる。旧安保条約での日本に基地をおく権利とする強い表現から、現行安保条約では施設及び区域の使用が許されることへと変わっている。しかし、日本の米軍への基地提供義務に何ら変更はない。

安保条約は、日本にとっては同盟による確実な日本防衛であり、米国にとっては極東への足がかり拠点の確保というそれぞれの目的をもっている。日本防衛に関する米国への支援を取り付けた第五条と米国への基地提供義務を明示する第六条とが「対」をなしているのである。ある意味でこの二つが「均衡」している、あるいは「取り引き」となったといえる。

第六条でいう「日本の義務の遂行」の証が沖縄県に集中する米軍基地の存在である。だが、旧安保条約の頃はいうに及ばず、現行の日米安保が発効する段階まで、沖縄は条約の適用範囲とされていなかった。日米両政府が、米軍の基地を安定的、長期にわたって維持するために、講和条約で沖縄を日本から切り離すことに合意することであった。つまり、日米安保条約と密接に関連しつつ、米国のいう「極東における国際平和と安全の維持に寄与すべく」沖縄に米軍基地が、一九四五年の上陸以来、存続してきたのである。

日本にとっての沖縄基地の重要性

冷戦期における米国の軍事戦略の基本は、核戦力、前方展開、同盟関係の維持の三つからなっていた。対ソ戦略では、核戦力が中心となり、前方展開とは、共産主義の膨張を抑え込むための軍事力であった。また、地域紛争に対処する主体としての同盟国軍の強化を必要としていた。米国は同盟国に対し前方展開のための基地の提供と同盟国の地上軍の増強を要求したのであった。このように、日本の基地提供義務と自衛隊の強化は、米国の軍事戦略と結びついている。つまり、米国へ沖縄を提供した結果、日本の基地提供は軽減されることになり、軍事力増強要求は、自衛隊の増強となって実現していく。

米軍にとっての沖縄の重要性は、第一に戦略的地理上の位置にある。それは防御及び攻撃すべての作戦の行える基地である。そのため、一大基地群が沖縄にできあがったのである。第二に沖縄は、自由に使える海外の基地であった。外国に基地を置く場合に、使用において拘束を受けるが、沖縄は例外的な存在であった。こうした特徴のある基地を維持するために米軍は、沖縄を日本から切り離して、施政権をもって自ら統治したのである。もちろん、米国は沖縄統治コストの負担の必要性を認識していた。統治コストとは、米軍基地への支持、承認を得るべく沖縄の人々の権利、経済、財政、福祉などの向上に必要な費用をさす。二七年にわたる統治は、沖縄の人々からの積極的な支持を得ることはなかったが、「黙認」をどうにか確保できただけであった。どこでも長期にわたる外国軍隊の存在は歓迎されない。沖縄では、五〇年代後半の土地闘争、六〇年代後半の復帰運動などの抵抗運動が起こった。また九五年秋以降の沖縄でのうねりもそのひとつだった。だが、経済的利益の再配分によって、これまでの抵抗運動はエネルギーを失っていく。その後にやってくるのが、米軍基地への「黙認」である。

黙認から抵抗への変化、あるいは抵抗から黙認への変化に伴う統治コストの上昇は、基地を維持するために沖縄統治方法に変化をもたらした。経済的利益の再配分による対応によっても沖縄での抵抗が鎮静化せず、さらに統治コストが高まると、事態をそのまま放置しておくと基地の維持を脅かしかねないと判断され、施政権を手放す決断を米政府は迫られるのである。これが、一九七二年の沖縄の施政権返還であった。

返還に伴い低下したコストがある。例えば、外国支配への政治的不満はかなり低下した。返還は、自国領土の占領が終わりを告げたという意味で日本のナショナリズムを高揚させた。心理的効果あるいは威信を高めたといえるだろう。

統治コストをめぐる「沖縄問題」

日本政府は、統治コストとして沖縄振興開発という名の下で返還後二七年間にわたり六兆円以上の巨費を沖縄に投入してきた。自国内の開発への政府の支出を、米軍統治下と同様に統治コストと呼べるのか、議論が巻き起こることだろう。米軍基地を維持するために、沖縄の人々の支持を得る費用と呼べるのかという点だ。沖縄の振興開発は憲法の下での平等という視点から、復興の遅れた沖縄への政府の支出であるというのだ。この説明が、長い間、有効とされてきた。つまり、基地の維持のために沖縄振興費が計上されたのではない、と。

一九九一年に大田県政が誕生する前後に、沖縄への日本政府の支出が減少するという話が流布した。基地に反対する県政だから、日本政府の方針に合わないというのがその根拠であった。実際、予算的にはほとんど影響はなかった。法の下の平等は、主権をもつ日本政府の責任なのである。つまり、社会保障、文教、公共などの国民が等しく享受すべき政府の国民へのサービスは、誰が知事であろうと、変化しないということだ。

一九九五年の米兵によるレイプ事件以降、日本の基地提供義務を揺がせていく事態が沖縄で起き、「沖縄問題」が日本の政治課題となった。そのときに、政府は経済振興費として沖縄への財政支出を増額する方針を見せたのである。新たな基地受け入れを沖縄県が拒否したとき、これまでの方針を転換して凍結したのである。さらに、基地の段階的削減を求めた大田県政に代わって登場した稲嶺県政は、基地受け入れを表明して、これまで以上の振興費を獲得するであろうと見られている。

だが、大田県政よりも多くのことが政府に望めるかどうかは不明だ。というのは、大田県政が継続したわけではないので実際には証明できないからだ。事態はそう単純ではない。「沖縄問題」に政府が重大関心を示さざるを得なかったのは、なぜかと考えると理解できるだろう。強い抵抗が、強い反応を生むことがあるということだ。これまで、沖縄での抵抗が統治コスト、つまり沖縄への振興費を上昇させてきたからだ。

この四年から五年の間における政府の対沖縄予算への関わりは、基地の受け入れをめぐって変化してきた。政府からの沖縄への財政移転がすべて基地の維持のためではないことは、主権をもつ日本としての責任であるから当然である。それにしても、基地への県政の態度如何によって振興費が増減するのは、基地の維持のための費用、つまり補償としての性格を強くもっていることを示している。

問題は、どこまでが主権の責任であり、どこからが補償なのかの区別がつきにくい点にある。もっとも基本的には、安全保障政策は政府の行うべき仕事であり、主権の責任の中核部分をなす。そのため、政府の対沖縄施策は安全保障上不可欠な構成となっている。

「基地と振興がリンクする」あるいは「しない」の議論は、ときには有効であり、ときには無意味ともなり得る。そもそも、これらの二つの区別が不明確だから。ある特定の目的の下で意図的な主張によって、事態を覆い隠すために使われることすらある。基地を受け入れる場合には、地元の批判をかわすために、「リンクしない」ことを強調するのは「取り引き」したとされるイメージの悪さや取り引きの損得計算を要求された場合に回答できないからだ。「取り引き」はあくまで政治的決着しかない。それは、保守、革新を問わない。基地を受け入れるべきでないと主張する場合、その逆で、「リンクする」と強調する。

基地に対する不満の原点は、日本の安全保障政策にあるという批判がある。それは、主権の一部をなす安全が十分に図られていないからであり、「リンクする」「リンクしない」の主張を飛び越えた議論だろう。

統治コストについて明白な第一点は、安全保障政策そのものの批判を除けば、主権と補償との両者が混在していることだ。

第二は、政府が日米安保を堅持して基地提供義務をこれまでと同様に推進する一方で、沖縄における基地に対する不満が高まれば、その補償コストは上昇する。一九九五年秋以降の政府の対応を見ると、補償額のシーリング（上限）を設定できない。政府は補償コストの上昇を抑えたいだろうが、政治的には上限なく受け入れることになる。政府の姿勢は、沖縄が基地を承認してくれれば金に糸目はつけないということだろう。

第三は、沖縄の人々の自主規制によってのみ、補償コストにシーリングをかけることができる。稲嶺県政の後半に入り、政府の対沖縄施策は第二から第三へと移行しつつあるといえるだろう。沖縄内部での自主規制が強まっているとはいえ、振興策との取り引きとして基地受け入れへの反発は根強い。建設表明を行った知事ですら「苦渋の選択」だと発言している。

アメリカにとってのローカル・コスト

一九七二年の施政権返還によって統治コストを免除された米軍には、まったく負担はないのか。返還後の沖縄では、日米合同委員会で基地の使用を個々に定めた「五・一五メモ」*によってわかるように「返還前の使用」がほぼ認められている。つまり、日本政府は米軍による基地の自由使用を認めている。そればかりでなく、日本政府は沖縄と日本本土にある米軍基地に対し、沖縄返還協定で取り決められた三億二〇〇〇万ドル（返還協定第七条）を中核とする基地の維持費の日本負担に始まり、その後「思いやり予算」となる対米財政支援を行ってきている。在沖、在日の米軍基地は、自由な使用ができ、維持コストが安いという評価を米政府から与えられてきたが、決して日本国民から支持されてきたわけではなかった。

*「琉球新報」朝刊、一九九七年三月七日付け。

日本に駐留する米軍に対する日本国内での政治的支持の低下を懸念したのが、九四年秋に出版されたパトリック・クローニンとマイケル・グリーンの共著『日米同盟の再定義』*である。その本は、同年八月に答申された防衛問題懇談会の報告書「日本の安全保障と防衛力のあり方」**に対する米国の関心を喚起し、日本国内での変化を見通したうえで、新たな日米同盟の再構築（そこでは「再定義」という言葉が使われている）の必要性を説く。そこでいう国内変化とは、八九年以降の冷戦の終結に伴い、日米安保を支持し米軍基地の存在に肯定的であった保守系の政治家たちが、消極的姿勢に変わってきたことであった。冷戦が終わって、米軍基地の擁護よりも地元の経済的利益の優先に向かいつつあるという指摘である。沖縄においても自民党県連が、これまでの安保容認に加えて、基地の整理・縮小を唱えたのであった。

＊Patrick M. Cronin and Michael J. Green, Redefining the U.S.-Japan Alliance : Tokyo's. National Defense Program, McNair Paper 31 (Washington, D.C. : National Defense University, 1994).

＊＊防衛問題懇談会『日本の安全保障と防衛力のあり方』大蔵省印刷局、一九九四年九月。

日米安保を支えるべき保守層の変化に伴い、日米同盟の基盤が弱体化することを恐れた日米両政府は、九六年四月に日米安保共同宣言を出して、適用範囲を「極東」から「アジア太平洋」へと拡大し、日米の共同歩調を基本として、日米防衛協力の見直しを宣言したのである。同時に、日米安保の目的と調和を図って、沖縄の米軍基地の整理、統合、縮小への決意を表明した。

なぜ、米国は沖縄基地の整理、統合、縮小に同意したのか。直接的契機は、九五年秋以降に再燃した「沖縄問題」への対応としてであった。前方展開戦略をとる以上、基本的には、基地の受け入れ国の国内事情に配慮しなければならないのである。支持とまではいかなくとも、沖縄の人々から拒否される事態を回避する必要がある。そのために、米海兵隊の普天間基地の返還に合意したのである。

その返還合意は、沖縄県内での代替基地を条件としている。移設に際しての米軍の検討は、作戦能力の維持、政治的判断、技術的問題、環境への配慮、などを通して行われる。第一と第三の点は、軍事の領域であり、日本政府の財政負担とはいえ、米軍の判断が最終的に優先されるということである。それに比べ、第二と第四の点は、日本政府による地元説得の成否にかかっているといえる。九八年二月に大田県政が海上基地への拒否声明を出して以降、日本政府の態度変更に伴なって、米政府は「沖縄問題」を日本の国内問題とする態度へと変わっていった。米政府は、部分的にはローカル・コストの負担を自覚しながらも、多くを日本政府に依存している。また、ローカル・コスト上昇のシーリング設定を図るため、日本政府は、米政府、とくに米軍が軍事的観点から譲歩できないとする点を利用して、国内説得に努めることもある。一方で、日米両政府はローカル・コストの上昇の抑制には協力するという点で、依存しあう関係であるといえる。他方で、「思いやり予算」に象徴される負担分担においては、対立する関係である。

一九九九年一一月二二日、稲嶺恵一・沖縄県知事は普天間基地の代替として沖縄本島北部の名護市のキャンプ・シュワブ沿岸域を指定する表明を行った。一二月三日には、受け入れ自治体である名護市の岸本建夫市長と一〇分間会談して受け入れを要請をした。この移設の可否とされた理由は、跡地利用は当然のこととして、経済振興が中心となった。基地の維持にかかる経済コストを上昇させる象徴的な出来事である。安全保障ではなく、どれだけ地域の経済振興に役立つのかによって基地の「承認」が判断されることを物語っている。短期的には基地が建設され、米軍基地が出来上がるのであろう。長期的には、国民からの支持を失った米軍基地となり、また日米同盟を危機に陥れかねない亀裂が現れるだろう。

(初出=「ワーキング・ペーパー第8号」沖縄対外問題研究室、二〇〇〇年一月。一部「世界」岩波書店、二〇〇〇年一月号に掲載)

サミットは沖縄に何を残したか

——八〇〇億円かけた「祭りの後」を問う

9 —— Ⅲ・沖縄のなかの日本

首脳外交はなぜ登場したか

二〇〇〇年七月二一日。いつもなら恩納岳《おんな》が姿を現し、ブセナ岬が間近に見えるのだが、靄に包まれた名護湾の向こうに万国津梁館《しんりょうかん》がぼんやりと見える。万国津梁館はG8首脳会合の会場として、沖縄開催の決定を受けて急遽建設された施設だ。

沖縄で開催されたG8先進主要国首脳会合「サミット」とは何だったのか。三日間の日程といえ、実質、一日半程度の会議が、全国から集められた二万五〇〇〇の警察官による厳重な警戒の下、地元の人々を寄せつけずに開催された。

このG8「サミット」とは仏、独、英、米、伊、加、露、日本など八カ国首脳たちとEC委員長の首脳会談だ。頂上を意味するサミットが、国際政治の場で使われる。各国の頂上にいる人、つまり首脳による外交をサミット外交と呼ぶ。

外交が職業外交官の独占から、民間外交、文化外交、そして首脳外交まで、その担い手が拡大してきている。首脳外交の登場の背景には、交通・通信の飛躍的発達、国内政治と国際政治の直接的結びつきの深まりなどがある。二〇世紀前半に外交官による外交独占の結果生まれた秘密外交への批判が高まり、戦後になると戦争と平和にかかわる会議への首脳の参加が増大したのである。

首脳外交の特徴として、一般的にその成果は乏しいが、心理的な価値をもっているといわれる。友好親善や国交正常化のとき、首脳外交は有効な手段となる。もちろん、外交官による事前の準備作業が不可欠であり、交渉を緊急に必要としているという当事国の認識が必要だ。

首脳外交のもう一つの特徴は、国内政治の影響を無視できないことである。つまり、選挙によって選ばれる首脳たちは、有権者の圧力を受けているのだ。国内的に求められる成果（成功）から解放されるためによく使われる手が、事務レベルですでに合意したことをそれぞれの首脳の成果に見えるようにする場としての首脳会談である。あるいは、世界的な問題を話し合うこと自体が首脳外交の存在理由とされる。首脳外交には、最終的な合意確認だけでなく、儀式的、象徴的な機能がある。

経済の分野での首脳外交の本格化は、一九七五年の六カ国による先進主要国首脳会議であった。ニクソン政権による金とドルとの交換停止および変動相場制への移行（七一年八月）、第四次中東戦争と同時に原油価格の高騰（七三年一〇月）、これらの波を受けて先進工業国が保護主義的措置をとりだしていた。

こうした戦後秩序の変化のなか、通貨、貿易などの国際経済の分野で首脳間の率直な意見交換を通じて相互理解と信頼を深めるために首脳会合がスタートしたのである。戦争や平和にくらべ、金融、通貨などでは専門的知識が一層要求されるため、選挙で選ばれる首脳たちには苦手な分野だったことも、遅いスタートになった一因だろう。その後、政治や人権などもG8会合でとりあげられた。

首脳会合が年一度の定期開催であること、外相、蔵相会合も同時であること、会合に先立って首脳らの個人代表として準備にあたる「シェルパ」の登用などにより、首脳個人による外交の場というよりも外務官僚の影響を受ける会合という色彩を強くしてきた。首脳会議の終了時に共同声明や宣言を出すのであるから、長期的、大規模な事務レベルによるサポートとその詰めは欠かせない。

当時のＧ６首脳会合以降、多国間の首脳会議が増大していった。例えばＮＡＴＯの首脳会合のほぼ年一度の開催、人口、環境などの国連、ＡＰＥＣ（アジア太平洋経済協力会議）、ＯＡＳ（米州機構）、ＯＳＣＥ（欧州安全保障協力機構）などでの首脳レベルの会合が開かれるようになった。七〇年代に比べ、首脳の集まる機会はＧ８会合が唯一ではない。

Ｇ８の位置は、七〇年代に比べると、今日では決して大きくはない。議題が経済以外の分野に拡大するにつれ、人口大国や経済成長の顕著な国の役割は注目されてきた。例えば、日本や米国を除き、アジア通貨危機に際してＧ８会合への期待が少なかったのも、こうした変化の表れであろう。

曲がり角にきたＧ８会合

今回、沖縄で開催された首脳会議に関し、そこでとりあげられる議題への期待は高いものの、首脳外交のもつ国内政治との関連性は乏しかった。Ｇ８会合で首脳個人が試される場といえども、議題の準備にあたる「シェルパ」の存在は大きい。

回を重ねるごとに、準備に時間とエネルギーが割かれ、同時に首脳会合以外にも蔵相会合、外相会合が常設化され、総花的に項目の並ぶ合意文書が発表される。また時期をずらして、環境、労働、教育などの閣僚級会合が開催されるようになっている。つまり、柔軟で個人レベルの首脳たちの会合から、制度化、官僚化、巨大化に染まるＧ８会合になった。だから、小粒の首脳でも、官僚のお膳立てした振りつけに沿えば何とか議長をこなせるようになった。個性豊かな首脳の出番は少ない。こうした傾向にあるＧ８会合に対し、とりあげられる議題をめぐる各首脳間の討議に期待がもてなくなるのも当然だろう。

今回の場合、セッションは四つ。その間に食事をとりながらの会議が、二つであった。セッションの最長は二時間二〇分、最短は一時間二〇分、夕食会議が二時間一〇分、昼食会議が一時間二〇分。食事を含めてのG8会合は、一〇時間三九分。

セッションや食事ごとに、それぞれの議題が準備された。一つの議題でも多岐にわたるため、これらの首脳たち相互の理解を深め、グローバルな課題に向けて知恵を出し合うのに十分な時間なのかどうか。共同声明をとりまとめた最後のセッションで、時間が足りないなかで議題を絞り込むべきだ、本音で語れるように、よりインフォーマル（非公式）な会合が望ましいなど、各首脳からの声があがったという。

G8会合がそれぞれの国威発揚、あるいは首脳自らの誇示の場となっているのが現状だろう。国際政治の舞台でこれまで脇役でしかなかった日本が、「大国」となった今、国際社会での指導力を発揮すべきだとの主張から、議長国としての機会を大いに利用すべきだというのだ。

たしかに、環境、貧困、高齢化社会、紛争予防、国際犯罪さらにはIT（情報通信技術）など、二一世紀へ引き継がれる地球的課題である。日本のやるべきことは多々ある。例えば、二日目の午前中には、「IT沖縄憲章」が採択された。これは、世界に貢献でき、得意とされる分野でITのもたらす社会・政治的影響の大きさを認識して国際的な協力体制の構築へ向かう決意表明として日本が提案したものだった。だが、NGOグループから今緊急に必要な貧困撲滅問題を避けて、先進工業国の繁栄に寄与するばかりだとの批判が出ているのも事実だ。

また、会合初日の午後三時過ぎから始まった最初のセッションは、G7会合（ロシアを除く）となった。そこでは、世界経済、国際金融システム、最貧国の債務救済、国際金融システムの悪用・濫用について議論された。とくに発展途上国や援助に関わるNGOグループらの注目を集めたのは、昨年のケルンG8会合にて約束した債務救済イニシアチブであった。この一年間でどのような進展があったのか、G8の責任回避の態度へ向けられた非難の声は強い。

二日目のワーキング・ランチでは、文化の多様性について討論された。内容は、日本には伝統的スポーツの相撲、柔道、剣道、伝統文化としての華道、茶道などに見られるユニークさがあり、ヨーロッパには石の文化があり、地球は多様性に富んでいるとの議論が交わされた。マイノリティーの文化がグローバル化のなかで個性を失い、その社会そのものが崩壊する危機だといわれる今、グローバルな問題を討議するG8会合としては、いささか底の浅い議論のように思える。会合の内容はセッションごとに外務省報道官による説明によって伝えられるため、首脳たちの具体的な発言について知ることはかぎられている。

最終日の午前中、一時間三〇分のセッションで、沖縄サミットで二六回目を数えるG8会合のとりまとめ討議が行われ、午後に八二項目、二二ページ（日本語訳）にわたる共同声明が発表された。

このG8会合は曲がり角にきているのかもしれない。ヨーロッパに軸足をおいたこのG8会合よりも、アジア・太平洋地域に重きをおく新たなG7なり、G8なりが必要だろう。一つの首脳会合ではなく多様な会合を柔軟に開催するのが、二一世紀に相応しいのではないか。

「人間の鎖」がもたらしたもの

Ｇ８会合を迎えた沖縄の人々は何を感じとっただろうか。Ｇ８会合開催を翌日に控えた七月二〇日に、米軍基地の象徴的存在である嘉手納米空軍基地を包囲して基地の整理・縮小を求める「人間の鎖」が行われた。事前の予想では包囲できるだけの人が集まるのか疑問視する声もあった。だが、一七・四キロに二万七〇〇〇の人の手が混乱や暴力行為もなく整然とつながった。参加者自身には自覚されてはいないようだが、非暴力で貫かれた沖縄の平和運動が、ここでも継承された。最大の効果は、国内外のメディアが、「人間の鎖」によって基地の島・沖縄に住む人びとの基地の整理・縮小の願いを報じたことである。

その意味で、まずまずの成功だった。具体的な内容を欠いていながら沖縄での合言葉となった「沖縄からの平和の発信」よりも、基地の過剰負担からの解放を願う声が、Ｇ８会合報道の合間に最も大きく国内外へ発信された。そのことが世界中でどのように受けとめられたのか、今後の検証課題だろう。

少なくとも、サミット推進運動が、官民あげて、お金をかけて宣伝したことは影をひそめ、政府にとって最も避けたかったであろう沖縄での反基地のうねりが顕在化した。それが長く持続しないことも事実だが、底流に基地への拒否が存在することを忘れてはいけない。

二万七〇〇〇の人の輪は、沖縄の外に向かうだけでなく、参加者自身の存在を実感し、鼓舞したに違いない。「人間の鎖」そのものの成功が基地の整理・縮小へと直ちに結びつきはしない。

基地問題の抱える課題は、サミット後に、さまざまな政治過程のなかでこれから展開していく。具体的には、政府の計画する普天間の代替基地計画が、実際に着工へと動き出すかどうかに集約される。

県内移設の承認プロセスが一九九九年だった。それから翌年七月末までの二〇〇〇年前半は、このプロジェクトが凍結されたときだった。「対」とされた承認と凍結は、増幅反応をみせて最大の圧力となり、一九九九年一二月末の名護市長の移設受け入れ声明まで生み出した。サミットが終わると、県内移設計画は凍結解除前の二〇〇〇年一月の時点にもどるのか。この「人間の鎖」の成功によって、もどることはなくなったといえるだろう。むしろ、新たな基地の受け入れ承認によって生み出されていた地域の亀裂が深刻化する。例えば、依然として着地点を見出せないでいる稲嶺県政の一五年使用期限要求、工法の具体的検討によって利害関係が明らかになる賛成派、内容の追いつかない北部振興策の露呈など、環境に寄せる国際NGOや国際世論の前で、基地建設にむけた環境アセスメントはクリアされるのか。

最大の推進力を担う日本政府に、「締め切り」はないなか、移設を実現する意欲と力があるのか。二〇〇〇年六月に行われた総選挙において、中・北部の選挙区で移設反対を訴えた東門美津子氏の当選により、地方議会、知事、市長らからの承認を得て正当性を獲得してきた県内移設計画を揺るがすことが期待された。しかし、同年一一月の那覇市長選挙での保守による市政奪還、二〇〇一年七月の参議院議員選挙自民党候補の当選は、自公路線の浸透ぶりを示している。

サミットより中東和平を重要と考えたクリントン政権に代って登場したブッシュ政権は、集団的自衛権の承認、日米同盟の強化など強硬な対日要求を出している。たとえ移設計画が宙に浮こうと、米海兵隊は普天間基地を維持できる。客観的に見て、「今」でなければならない圧力は米政府内にない。

二〇〇〇年の沖縄サミットの国内政治利用により、政府は県内移設計画で得点を稼ぎ、事務レベルでの実施へと移る予定だった。だが、「人間の鎖」の成功によって普天間問題は再び政治決断の場に引き戻された。とくに、沖縄の基地問題への政治決断の乏しさを象徴したのが、クリントン大統領の演説だった。一九六〇年六月の、二時間の滞在であったアイゼンハワー大統領の沖縄訪問から四〇年後、G8会合へ出席するためにクリントン大統領が沖縄へやってきた。そして、空港到着から米海兵隊の大統領専用ヘリコプターで直行した「平和の礎《いしじ》」で、九分のスピーチを行った。

大統領演説と沖縄の人びと

「平和の礎」は、沖縄戦で亡くなった沖縄の人々と日米両軍の兵士などの名前が刻まれた平和祈念の「聖地」である。歴代大統領のなかでもスピーチに長けるといわれるクリントン大統領の演説は、言葉一つひとつは選りすぐられ、よく練られ、完成度が高かった。だが、沖縄の地で、沖縄のことを語ったこのスピーチの言葉が、沖縄の人々に届いたかどうか、疑問だ。

なぜなら、沖縄からのクリントン大統領への要望は、基地の整理・縮小につきる。これは、恒久平和のためにも基地の縮小を望むという稲嶺知事の短いスピーチが物語っている。その回答として、クリントン大統領は「沖縄における米軍の足跡を減らすために、引き続きできるだけの努力」を強調した。しかし、その努力とは何なのか。具体的な言及はなかった。演説のなかで指摘されたのは、一九九五年に日米合意に達した読谷《よみたん》でのパラシュート降下訓練や県道一〇四号線越えの実弾射撃訓練場の移転をはじめ、一九九六年一二月に発表されたＳＡＣＯ（沖縄施設・区域特別行動委員会）プロセスによる基地「統合」計画など、以前に約束した基地と地元との摩擦を減らす措置であった。

それは二〇〇〇年七月の時点での新たな整理・統合計画ではなく、五年前の合意の実行へ向けた再確認であった。その意味で、基地の整理・縮小という沖縄の要望に対し、クリントン大統領のスピーチは不十分だといわざるを得ない。「足跡を減らすためのできるだけの努力」とは何を意味するのだろうか。その具体的行動を高らかに宣言することが、沖縄戦で犠牲となった命、そして生き残ってきた人々やその子供たちの未来に対して、相応しい言葉だったと思えてならない。

九〇年には前ブッシュ政権が兵力を減らし、九五年秋以降にはクリントン政権が基地を削減した努力を米政府はもう一度やることだ。その際に、これまでの整理・縮小の実施の問題を再検討すべきだろう。サミットを終えても、いまだに普天間基地の移設問題が解決しないのはなぜか。基本から見直すべきだろう。

この演説は沖縄に住む人々の心の襞へ沁みこまなかったに違いない。最大の理由は、二〇〇〇年七月二一日というリアリティーを欠いているからだ。七月に入って沖縄では、米兵の事件・事故が相次いで起こり、そして「基地にノー」を表明した「人間の鎖」も行われた。生きている沖縄が大統領スピーチの視野に入っていない。事前に報じられたところによれば、米軍基地のある沖縄に住む人々への感謝、同時に事件への謝罪の言葉が述べられると期待されていた。沖縄の人々から直接に見える場ではなく、翌日に万国津梁館で行われた日米首脳会談の場でクリントン大統領は森首相に対し「申し訳ない」（ホワイトハウスは「謝罪」ではないとコメントした）と発言したという。

「平和の礎」での演説は、決して沖縄の人々だけに向けられていたわけではなかった。日本政府や米国の国民、その他の人々へもメディアを通じて送られることを意識していた。森首相の好きなITを引用して投資先として有望な沖縄をアピールしたのは、米国の大統領として当然な発言だったのかもしれない。一九九九年春にサミットの沖縄開催が決まったときから、沖縄の地で言うべき台詞《せりふ》をクリントン大統領はもっていた。それは、沖縄の米軍プレゼンスの重要性をさまざまなメディアの集まる前で語ることだった。今回、過去を多く語ったわりには、現在を表現したのは、日米同盟における沖縄の果たしてきた死活的な役割だけであった。これで大統領として沖縄に来た最大の任務は果たしたのである。

地元紙に掲載された評論によれば、アイゼンハワーは「極東に脅威がある限り」と期限を設けて沖縄を保有するとしたが、クリントンは無期限の基地保有を宣言した、と厳しい見方をしている。

G8会合は、沖縄に何を残しただろうか。経済的な潤いを見せたのは、8カ国の旗を準備した旗屋、警備陣に食事を提供した仕出屋、会議関係者の輸送を担ったバスやタクシー会社、さらに道路の美化につとめた植栽屋、などであろう。それらを除き、ほとんどの人々は外出を控えて、ひっそりと会合の終わるのを待っていた。サミット報道の関心は、来年開催の伊・ジェノバに移っていった。

七月二三日。名護湾沖で警備にあたる海上保安庁の巡視船、巡視艇九隻がくっきりと見える。いつもの夏の空だ。G8会合の最後の日程となる議長としての森首相の会見直前、沖縄本島は激しい雨に見舞われた。八〇〇億円の費用をかけて開催された「沖縄サミット」の効果を外国メディアから疑問視されるなか、沖縄での「サミット祭り」は幕を閉じた。

（初出＝「潮」潮出版、二〇〇〇年九月号）

方向感覚を失った日米関係

冷戦の頃、米国には希望（啓蒙、経済的豊かさ）があり、正義（天命、愛国心）の実現のためだという論理が存在していた。その終着地には、アメリカ的普遍主義の実現が待っていることになっていた。それは、善悪二元論により峻別される規範を抱えていた。例えば、二元論によれば、無神論者の共産主義者は悪魔に違いない、だから徹底的に取り除くべき対象だとみなされたのである。

一九四七年に始まる冷戦期の米国は、共産主義を悪とみなして軍事的封じ込み、封じ込み網を強化するために同盟国諸国に膨大な経済的、軍事的援助を行い国際的戦線へと拡大していった。第二次世界大戦後、荒廃した世界経済のなかで、圧倒的な経済力をもつ米国は金との交換性を裏打ちして自国通貨ドルを世界の基軸通貨とする国際通貨システム（国際通貨基金・ＩＭＦ、世界復興銀行）を創出し、資本主義世界の復興を進めた。自由と個人主義に基づく民主主義と市場経済の世界大の拡大をとなえ、自ら繁栄と成長を同盟国のモデルとして提供した。米軍のプレゼンスと米国製品の流入によって、有形無形のアメリカ文化がヨーロッパやアジアに浸透していった。アメリカ化の世界的拡大であった。今では世界どこでも、マクドナルドやケンタッキー・フライド・チキンに旨さの食感を覚える若者を見出すことは容易だ。米国でルール化されたインターネット上で、国境に妨げられることなくさまざまの情報のやり取りが行われている。ヨーロッパで生まれた資本主義と共産主義は、本来のヨーロッパではない世界であったアメリカ大陸とユーラシア大陸中央部にて開花した。だが、戦後世界は冷戦という米ソの二つの陣営に真二つに分かれたわけではなかった。ヨーロッパ世界は二つの陣営に分かれたが、ヨーロッパ世界に支配されてきたアジア・アフリカは、それぞれの希望と正義が実現されるべき空間として、米ソから捉えられた。アジア・アフリカの新興国家は、いずれかの発展の方向を模索しつつ、厳しい米ソ対立の舞台として国の内外での武力紛争に悩まされ続けてきた。米ソの冷戦はソ連の自壊で終結した。その結果、資本主義と社会主義に色塗られたヨーロッパやアジアの一部には「平和の配当」がやってきた。「平和の配当」とは、冷戦のために制約されてきた条件から抜け出すことをいう。例えば、旧共産圏への旅行や貿易の拡大、対ソ連に向けていた軍事力の削減、さまざまな文化の出会いなどだ。依然として武力衝突の可能性があるという大陸と台湾との間、朝鮮半島の南北の間であっても、人、モノ、資本が往来できるようになった。これが、「平和の配当」だ。

だが、ソ連の解体をもって「自由主義の勝利」だとした冷戦後の米国には、「平和の配当」はやってこなかった。かつての二つの陣営間の戦いは終り、唯一の超大国となった米国は、「冷戦後」世界の秩序形

方向感覚を失った日米関係

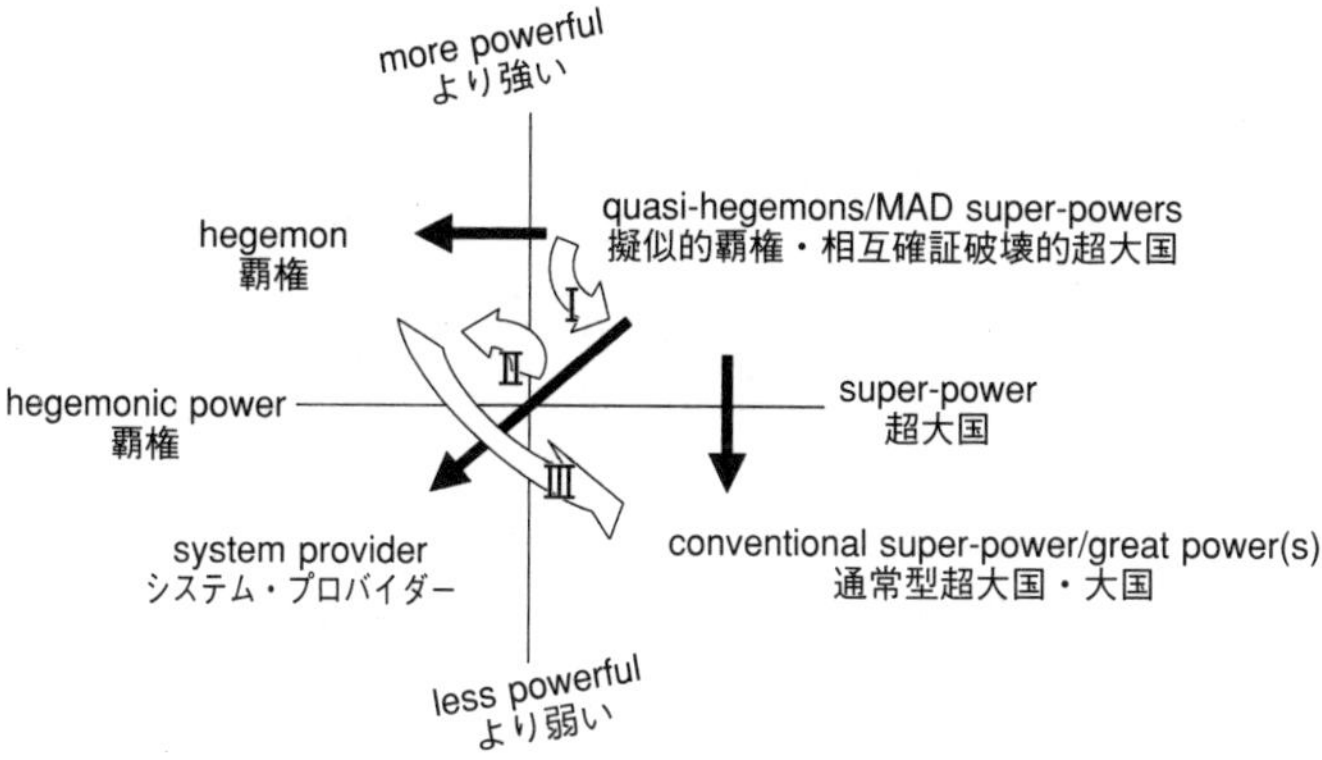

成と維持の任務をもつことになったからだ。問題は、明確な敵を消失した米国が直面したのは、米国の基本的指針の喪失であった。米国にとっての一九九〇年代の一〇年間とは、国家戦略の不在から新たなグランド・デザインの模索であった。冷戦の間、西側世界での覇権国となった米国が、「冷戦後」に適合するグランド・デザインを創出できれば、名実とも世界最大の覇権国になる予定だった。

表を見ていただきたい。横軸に覇権国と超大国をとった。縦軸にパワーの強さ・弱さを示した。覇権国とは、政治、外交、軍事の主導権を握るばかりでなく、覇権国のもつ社会規範やルールや文化的価値などが他の国の規範となり、受け入れる対象とされたときに呼ばれる大国だ。覇権国はそのもつパワーだけでなく、周辺の国家が自らの判断で極となる国の中心にして出来上がる秩序やルールを積極的に受け入れるべきだ、受け入れることで利益があるとすることだ。パワーとは、軍事、政治、経済、政府の統治能力、天然資源、人口、国土の点で、他の国に比較して強大か脆弱かいうことだ。すべての分野でパワーフルな覇権国もあれば、人口が小さく軍事力は強大でなくとも、文化、教育、技術、産業、通貨などの分野で世界をリードして、その国が作り出す秩序に参加する国が数多くいれば覇権国とよべる。

そうすると、冷戦期の米ソは、さまざまな分野で一位、二位を米ソで分け合うだけのパワーをもち、しかもそれぞれの陣営で米ソの中心の秩序を受ける周辺の国々が存在した。しかし、世界大に拡大していなかったので、擬似覇権国と呼べる。また、核兵器を大量にもつ米ソ両国を軍事的に攻撃する国は、米ソ自身も含め、存在しなくなる。核戦争は米ソはいうまでもなく地球そのものの破壊をもたらすため、米ソが戦うことはない安定が続くことになった。それを相互確証破壊（ＭＡＤ）による「平和」という。ＭＡＤ超大国と呼ぶこともできる。

米国は、ソ連自壊の結果、擬似覇権国から世界大に拡大する覇権国になろうとしたが、七〇年代から続く米国経済力の相対的弱体化が進行し、敵の消滅により冷戦期と同レベルの軍事力を維持するための国防費確保の正当性を失った。それはパワーの低下となった。湾岸戦争を遂行したブッシュ政権である。

パワーは弱いが、経済のグローバル化の進める世界新秩序の提供により覇権国となろうとした。クリントン政権期のことだ。だが、軍事中心、米国中心の政策を強調する現ブッシュ政権は一国覇権国をめざしたように見えたが、テロ対応のなかで、通常の超大国へと変化を遂げてきたとみることができる。クリントン政権、ブッシュ政権が「冷戦後」世界とどのように向き合ったのか。つぎのような説明が可能だろう。

「冷戦後」世界は、二元論世界とは異なり、歴史や文化が織りなす多元化、個別化、矮小化が覆い、低レベルでの脅威が拡散していった。宗教に基づく対立、歴史のねじれによる緊張、人種による差別、戦争か犯罪かの区別のない暴力、ITに踊る世界から取り残された飢餓状態の人々の存在など、まだら模様のように世界中に散らばっていた。

こうした「冷戦後」に対応するグランド・デザインとは、大規模な戦略の策定、新たな組織の創出ではなかった。個々の事態に柔軟に対応するトリアージ的処置が必要とされる。また、単一の法律的・道徳的には手におえないほど暴力の拡散となっている。例えば、飢餓にある人々には、まず、安全、食料や医薬品であり、次いで電気も電話もであり、その後に世界の情報にアクセスできるパソコンだということだ。イスラエル・パレスチナ問題を複雑にするパレスチナ人による自爆テロは、実行する側には宗教上、要請された自らの務めだという。「冷戦後」世界で米国を待っていたのは、広い文脈でいうと、米国がめざしてきた脱歴史、脱領域、脱民族とは逆の方向での暴力や紛争であった。脱歴史とは旧世界のヨーロッパの封建制から解放を推し進め、脱領域とは、米国以外にも適合するルールや文化であり、脱民族とは効率と競争力に基づく社会作りをいう。確かに、経済のグローバル化は顕著であり、自由化の名のもとでアメリカのスタンダード（基準）が世界を凌駕している。そのことは、それぞれの地域や国家での生活を破壊し、経済危機、通貨危機を巻き起こしてきた。

こうした複雑な世界で、方向感覚を失いかけていた米国を襲ったのはテロリストだった。唯一の超大国の政治の首都であるワシントン、経済の首都であるニューヨークが攻撃を受け、一瞬にして三〇〇〇人を超える人々が生命を奪われたのであった。米国の軍事、イデオロギー、経済の分野での世界支配が完成すると思われたとき、図らずも冷戦後の新たなグランド・デザインは米国の歴史、文化、社会を強く反映したものとして登場したのであった。テロ直後の二〇〇一年九月二〇日、上下両院合同本会議で行われたブッシュ大統領の「われわれにつくか、テロリストにつくか」という発言は、善悪二元論の復活であった。また、二〇〇二年一月二九日のブッシュ大統領の一般教書演説において、テロリストをかくまうテロ国家として北朝鮮、イラン、イラクを「悪の枢軸」だと名指しで批判した。こうして、文明の危機に直面した米国は容赦ない悪魔との戦いへと突入したとして自らを位置づけた。具体的には、軍事優先による単独行動主義（ユニラテラリズム）が加速することになった。「冷戦後」米国の国家戦略について、アメリカ研究の古矢旬氏は、次のようにいう。

「いま確実にいえることは、冷戦が終わってからの一〇年間アメリカが内外政策の実施過程において暗黙のうちに惰性的に依拠してきた冷戦的枠組みの『確かさ』が、この事件によって雲散したという点である。この不確実な時代の門口にたって、いったいアメリカは『冷戦』の世界観を克服し、より多角的な国際協力関係を可能とするようなリーダーシップを発揮してゆくことができるのであろうか」（『アメリカ研究』アメリカ学会編、三六号、二〇〇二年、二〇ページ）。

通常の超大国の道を歩み始めた米国に対し、日本はどのように対応するのか。9・11後をみると、超大国の米国を襲った新しい脅威のテロに対し、日本はインド洋に自衛艦を送って米艦船への給油という対米支援で対応したのである。日本政府はテロ直後から米軍への軍事的協力のあり様を探ってきた。同盟国としての米国への支援である。国内では、いかにして米軍支援を増強できるのかという視点から、有事法制や集団的自衛権へと向かっている。

そもそも日米安保で想定する脅威とは他国からの武力攻撃による日本有事、そして日本以外の米国の同盟国防衛が迫られる極東有事である。その脅威への対処は、日本の安全を米国の「軍事力（核兵器を含む）の傘」に依存する方法であった。その結果、日本の外交・安保政策の基本は「対米配慮」の枠内から逸脱しないこととされてきた。九月一一日以降の日本の対応は、これまでと同様な「対米配慮」の連続である。米本土の軍事、政治、経済の中枢であり象徴とされる場所が選ばれ、民間人が巻き込まれ同時に標的とされたという点で、なぜ日米安保の出番なのか疑問ならざるを得ない。

（書下し、二〇〇二年五月一五日）

「米琉関係」に潜むもの

オリエンタリズムの視線

ある二つの国や地域の間の関係を描こうとするとき、イメージと現実のギャップは大きいことがある。

両者はほぼ対等な関係であり、相互に与え合う影響も同じだとイメージしがちだが、現実には、対等な関係にあることは少なく、どちらかに偏った（相互）依存関係が多い。

身近な例でいうと、沖縄の人も含めて日本人とアメリカの関係である。音楽や映画などのそれぞれの大衆文化へ抱く関心の強さを比較すれば分かりやすいだろう。両者間で、圧倒的に日本がアメリカから影響を受け続けている。それに対し、日本に関心をもつアメリカ人は少ないばかりでなく、日本を含めて非ヨーロッパ文化に対するとき、見る側に自文化の優越性が無自覚的に刷りこまれている「磁場」のなかでとらえることが多い。

この見る側とは、ヨーロッパ文化のなかに暮らす人々だ。見る側の視点として、どの文化も同じ価値をもち対等なのだとするいわゆる文化相対主義の考えがある。しかし、見る側の属する文化そのものが、文化相対主義の視点からとらえられることはない。

このあたりの議論は、すでに二〇年前から世界中で行われている。その代表的なキーワードの一つがオリエンタリズムだ。オリエンタリズムによれば、西洋人（こんな人がいるのかどうか不明だが、一般的な表現で使用しておく）の描く東洋にふれて、その東洋と規定された地域に住む人自身が東洋人のイメージに自分たちを再定義していくことになる。西洋人は、自分たちの描く東洋を前提に、その東洋人との歪《ゆが》んだ比較の上で、西洋人の自己イメージを形成した。オリエンタリズムの最大の特徴は、西洋人のもつ自己イメージで東洋人を描き出すため、西洋のもつ権力を背景にして西洋の優位性が固定化されていく、という点を抉《えぐ》り出すことにある。

このように恣意《しい》的で権力的な「西洋がイメージする東洋」が、東洋に浸透している。多くの日本人が沖縄を語るときにも無自覚な形でオリエンタリズムが存在していると指摘される。日本とのかかわりでしか語られない「沖縄は日本の縮図だ」とか「沖縄から日本がよく見える」という表現（言説とも呼ぶ）に比べると、この「日本のオリエンタリズム」への指摘は、まだまだ市民権を得ていない。日本人自らの日本の周辺アジアへの恣意的、権力的な表現、見方（「日本のオリエンタリズム」でいう批判対象だろう）そのものの検討は始まったばかりだ。

「米琉関係」の歪み

日本人による沖縄のとらえ方は、一般的な傾向として、日本の一部としてではなく日本人のアジア観の枠内に位置付けられてきた。そもそもアジアのなかに存在する日本が自らの存在をアジアから切り離して論じること自体の歪みに無頓着《むとんちゃく》に思える。オリエンタリズムの批判が、西洋による東洋人イメージへと自ら同一化する東洋人自身にも向けられているように、日本のオリエンタリズムを吸収して成長してきた沖縄論が自らを批評の土俵に上げることを困難にしている。

こうした見方あるいはイメージの歪みは、沖縄とアメリカの関係、「米琉関係」についても、同様に起こっている。沖縄とアメリカは比較する際に同様な単位をなしているのか。日本の一部であり人口百三〇万人の沖縄と人口二億人を超える主権国家のアメリカを並列的に並べるのは無理がある。また、主権国家か否かだけでなく、この地球社会のなかで占めるとりわけ二〇世紀のアメリカの存在は大きい。ソ連崩壊後の「唯一の超大国」という意味や冒頭に述べたような大衆文化だけでなく、言語、科学、インターネット、金融、基準・規制（グローバル・スタンダードとも呼ばれる）など物理的な国境を超えていく分野におけるアメリカの存在の巨大さは否定しがたい。「米琉関係」という表現は、こうした非対称性をまったく無視している。

だからといって、沖縄の人々の受けたアメリカからの影響が消滅するわけではない。私たちの身近には、記憶のなかのアメリカだけでなく、生身のアメリカが存在している。ステーキ・ハウス（ステレオタイプ過ぎるけど）、ロック、コークに始まり、米軍基地、米製品、アメリカ人（多くが軍人、その家族）だ。さらには、アメリカへ渡った移民の子孫や、沖縄に来た米兵と沖縄の女性の間で生まれた人のように沖縄の人と血のつながりをもつアメリカ人もいる。

〝黒船〟による開国

米琉関係で、必ず登場するのがペリーの沖縄来航である。米東インド艦隊を率いて一八五二年一一月に米国を出発し、喜望峰からインド洋を経て、翌年五月に那覇に到着した。この遠征の目的は、米難破船員を保護するための協定を日本と結び、石炭及び必需品の補給地を日本に確保し、可能なら交易のために日本を開港させることであった。ペリー一行は、同年七月に江戸（実際には浦賀）に向かうまでの間、沖縄で沿岸や陸地の調査だけでなく首里城への強行訪問を実行していた。そして、その年と翌一八五四年の二度にわたる江戸幕府との交渉で、日本の開国を実現した。その交渉は近代的な武器を搭載した軍艦を江戸近くに進め、力の威嚇によって日米和親条約をとりつけるのだった。その帰途、再度、一行は那覇に立ち寄り、一八五四年七月に琉米修好条約を首里王府と結んだ。

このペリー日本遠征は、一九世紀におけるアメリカ自身の歴史の一つの表現であったといえる。西へ西へと膨張することがアメリカの使命だとするマニフェスト・デスティニー(明白なる天命)、金鉱発見によるゴールドラッシュ、そして農業、捕鯨を中心とした漁業の発展が、太平洋岸にとどまらず、さらに西のアジアへの拡大へと動き出していた。とりわけ、捕鯨船の補給・避難港、そして清貿易の途上となる貿易港を日本に確保することが、米国の当時の対日政策であった。

実際に、米東インド艦隊が江戸湾浦賀を訪れたのは、ペリーのときが最初ではない。一八四六年に、ペリーの前々任のビッドル同艦隊司令長官が江戸幕府との交渉を行ったが、日本側から拒否されたため、その任務が先送りとなっていた。ペリーの東インド艦隊司令長官就任は、日本遠征という任務の遂行を意味したのである。ペリーの日本遠征のもつ意味は、日本において大きい。ペリー以後、二百五〇年続いた幕藩体制が崩壊することになるからだ。外からの力によって日本が変わっていくことの象徴として、「黒船」が日本語の表現に登場する。

日本にとってアメリカは大きな存在に映った。だが、太平洋を挟んだカリフォルニアの対岸の東アジアへのアメリカの関心は、二〇世紀半ばまで、中国へ注がれていた。ある意味で、日本がアメリカの関心を引き寄せ始めたのは、対日戦争の過程からである。日本の降伏により、アジアでのアメリカの関心は再び中国へと引き戻される。戦後のアメリカの対アジア政策は、実らぬ中国へのアメリカの片思いの裏返しが、中国へ向けられた米軍基地を作りだしたといえるかもしれない。そのアメリカの「力」の発進地が、沖縄となっている。

日米も含め、琉米関係の非対称性、歪み、自己イメージの内容を取り出していく作業が必要だ。それが、過去から学ぶ意味の一つに違いない。二〇世紀末に登場したオリエンタリズムの視点から何を学べるのか。この作業は、今後の課題だろう。

（初出＝「沖縄と世界2」「琉球新報」二〇〇〇年三月一六日）

沖縄の自立化へ向けて

10 —— Ⅳ・世界のなかの沖縄、沖縄のなかの日本

個としての「わたし」

「わたしは誰なの」という問いは、人類にとっての課題であり続けてきた。また、現在でも問われ続けている。「わたしは誰なの」という問いに対する回答は、一九世紀から二〇世紀においては、国民の一人になることだとされた。つまり、小さな集団のなかで暮らしてきた人々を、国民国家の構成員たる国民の一員に変換することであった。ひとつの国民がひとつの国家を形成するという西ヨーロッパにおいて二世紀から三世紀をかけてできあがっていった国民国家が、地球を覆う。国民国家の時代が二〇世紀だったと言えよう。いわゆる国民国家建設の過程で、ナショナル・アイデンティティなるものが重要だと指摘され、いかに国民統合を行うのかが、経済発展とともに注目をあびた。ひとつ国民を作り出す作業は、個々の人々のアイデンティティを回復していくものだと理解されてきた。

それにもかかわらず、「わたしは誰なの」という問いは終わりを告げることはなかった。ひとつの国民の構成員は曲がりなりにも誕生したが、民族、種族、人種、宗教などの差異が国家の内側に存在するだけでなく、性による差異、年齢による差異、あるいは移民・移動に伴う世代による差異が、二〇世紀後半になると、ますます顕著になり注目を集め始めた。それは、ひとつの集団で共有されている共同体幻想の下で、けっして論じられなかったことがらである。具体的に言うと、例えば「わたし」自身は、男性であり、アジア系であり、日本国籍であり、沖縄の人間であり、父であり、夫であり、一人の研究者であり、沖縄という場に暮らしている。いずれも、「わたし」を「わたし」たらしめていることがらである。

世界で起こっている（大きなうねりというより散在的であるが）これらの動きは、「集団の一員としての個」から「集団形成する個」を基本とする考えへの移行だといえるのではないか。かつての「われわれ」という言葉が、いま「わたし」という言葉で自己を表現することが、その個をより表現できるのだというのである。そのように「わたし」で語られる「われわれ」意識を、もう一度検討する必要があるだろう。

夢としての「独立」論からの脱却

沖縄の読谷村楚辺の米軍用地の一部に対する日本政府の不法占拠を問う報道番組（一九九六年三月二九日の琉球放送「エリア・レポート・スペシャル」）にて、意見を述べる機会があった。視聴者から「不法占拠を行う日本政府に愛想が尽きたので、もう沖縄は独立すべきだ」という意見が寄せられた。司会者が、その「独立」の主張をいきり立って取り上げていた。

共同通信社が全国の加盟地方紙へ配信した「安保と沖縄」という連載は、沖縄での「自立（独立）志向」に焦点をあてた（一九九六年三月二七日付）。「アサヒグラフ」（一九九六年三月二九日号）の沖縄特集は、「日本から離れたい」という沖縄の人々の「夢」から「独立」への展望を見出そうとした。

前者の「独立すべきだ」という視聴者の意見が沖縄に住む者からだとすれば、後者は日本（本土）に住む者たちの沖縄観の反映だろう。

両者の違いをあげるとすれば、沖縄以外の人々の口にする「独立すべし」の声に比べて沖縄に住む者から「独立」を主張する声はきわめて小さい。沖縄の人々が描く「沖縄」とそれ以外の人々が求める「沖縄像」は、異なっているのである。今の沖縄の空間において、沖縄の歴史的経験、文化的特徴と日本のそれとは異なるのだと述べることができても、現在、日本という国家の国民としての自己と沖縄に生まれた自己とに「整理」をつけて話せる人は少ない。それでも、「独立」に対し、沖縄で「自立」という表現は容易に見つかる。「経済的自立」、「自立した島」、「自立する沖縄」など。

日本（本土）に住む者たちの一部は、沖縄と日本の関係にどうしようもなく解けない「結び目」を発見したとき、沖縄の「自立」、「独立」を考え始める。つまり、「沖縄」を自己のなかに取り入るのを失敗したときである。彼（彼女）らは、沖縄に住む人々の口から放たれるであろう「自立」、「独立」という言葉を捜し求めて沖縄を旅する。だが、その多くが徒労に終わってきたと思う。それだけでなく、彼（彼女）らが現象的に反日本政府（あるいは反ヤマト、沖縄では日本本土をヤマトと呼び、本土の人を一括してヤマトンチュと呼ぶ）の態度をとる沖縄の人々の情緒だけに依拠する「独立」論を示唆しても、多くの沖縄の人々からの反応が乏しいのは当然であろう。それは、むしろ、情緒的な意味での一つの国民を再確認させているだけなのである。日本本土の人々が「沖縄は日本の一部なのだから」というのも、逆の意味で情緒的な国民の一体性を強調しているにすぎない。

沖縄では、なぜ「独立」が政治要求とならないのか。たとえ「独立」論への志向が試みられても、なぜ多くの人々を魅了しないのか。「独立」という表現が避けられるのに対し、「自立」という表現が、今、沖縄中を闊歩しているのは、なぜか。それらを説明するには、沖縄と日本との関係を律する政治、経済、社会、文化のそれぞれの領域にわたる総合的な分析が必要であろう。それを承知しながらも、沖縄における

「独立」論の構図を私の力量のなかで描いてみよう。

第一に指摘できることは、沖縄あるいは日本という住む場所の違いが「独立」論を生み出している、ということかもしれない。独立という言葉には、すべての責任をしょい込むというイメージがあるだけに、慎重にならざるをえない。とくに、その責任を自身で負うとなれば、簡単に口に出すことはできない。もう一方で、責任を負わず夢であっても構わない第三者にとって「独立」論は魅力的だ。「日本」という国民国家の強い磁場に身を委ねていながら、そのなかにあって、その磁場のもつ特有な偏向を自覚することは容易な作業ではない。にもかかわらず、自己の存在する磁場のメカニズムを解きほどく作業を欠いたままの「独立」論が登場するだけなので、夢物語以上に、多くの人々からの共感をかち得ないのである。その点では、沖縄の人々以上に日本本土の人々の多くが考えることすら拒否しているだろう。

多くの人は、独立の実現可能性が低いと思うだけで検討するだけの価値さえもないと判断する。現実性に乏しいというひとことで片付けられてしまう。多くの人の関心を惹くためには、絵空事としての「独立」論から現実的な論拠をもつ構想への脱皮が必要なのだ。沖縄の経済的「自立」なくして、「独立」など論外だとする主張の前で、いかなる「独立」論者も小さくならざるをえない。

沖縄の経済的「自立」とは何か、すくなくとも、自給自足的経済ではないことは確かである。日本政府の補助金や特別措置に象徴される財政依存から抜け出て、自らの生産と取引で自由貿易市場のなかで生き残れる経済構造をもつことが「自立」だといえよう。まさに、財政依存からの脱却を明確に旗印に掲げ(目的の設定)、同時に、それを実現するための長期、中期、短期的な具体的政策(方法の提示)を検討し、打ち出していく（選択）以外にないといえるだろう。目的の設定が妥当か否か、方法は十分な議論を経て練られているのか、選択するタイミングは適当か否か、ということだ。こうした検討を欠く議論は、「夢で終わる」だけでなく、現状をいかに把握するのかから逃避してしまう危険性すらある。

二一世紀型の国民国家とは

二〇世紀における「独立」は、新たな国民国家を創ることを意味していた。装置としての国家を創り、そして国民と呼ばれる人々の集団がその国家の構成員となる。

例えば、第一次大戦直後に約四〇を数えた国民国家が、現在では一九〇を越えている。ヨーロッパ列強の植民地だった地域が新たな国民国家を建設し、あるいは異なる民族を統合して規模のより大きな国民国家が創り出されてきた。それが二〇世紀であった。国民国家が世界中を覆った背景の一つには、これまでに自らの国民国家を創り出したことのない人々、つまり支配されてきた人々にとって、支配の装置としての国家を容易に想像できたことだった。自分たちの国民国家さえあれば支配される側から逃れられる、と思ったからだ。

ところが、国民とは何かとなると、血縁、地縁の集団を思い浮かべるだけで、それ以上想像は進まなかった。一人の人間がこの世に誕生するときに決まる人種、文化、言語、宗教、歴史などを共有するだけでは国民は創られない。もちろん、これらの点を共有していると自然発生的な集団の形成を容易にする働きがあるという指摘は重要だが、十分な条件ではない。統治の仕組みだけでなく、価値体系を含む文化、規範などをからませ、同時に一体感という共同体幻想（想像）を共有することを国民国家はその要件としている。

人々が交通や通信の発達に伴なって異なる文化をもつ集団と交流するなかで、一つの経済社会を創っていく。そして、長い時間をかけて文化情報共同体（共通する文化をもち、知識や情報を共有する）を形成して、「われわれ」という意識をもつ集団ができあがる。「共通」の経済社会と「共通」の文化情報共同体を基礎にして、「共通」の政府をもちたいと考えるとき、国家が創られ、国民が創出される。その過程において、先に述べた要件を満たすべくナショナル・アイデンティティが強調される。つまり、現代の国民国家は政府の強制する力と自発的に従う国民によって構成される。例えば、政府は税金を徴収する（あるいは戦争のために兵士を徴兵する）一方で、税金をちゃんと払うこと（すすんで兵士になること）に自らの誇りをもつことである。

以上のことを考えてみると、共通の経済社会と文化情報共同体を基礎にした二〇世紀型の国民国家を構想する「独立」論が、沖縄に当てはまっただろうか。これまでの日本経済の一部を構成してきた（日本経済に組み込まれた、とも指摘できる）歴史の事実からすると、沖縄という国民国家の形成はおぼつかない。琉球処分以降、現在まで、多くの沖縄の人々は、沖縄という空間を共有してきた人々であることを自覚しながらも、日本という国家の国民である（ありたい）とも思ってきた。

こうした二つの「われわれ」意識をもつ沖縄の人々が、沖縄を一つの独立した国家とする国民になることを思うことはなかっただろう。むしろ、日本という国民国家へその時々の社会状況に応じて積極的にすりよったり、消極的によりかかってきた。「日本」という国家からの分離を望んだとしても、それは二〇世紀型の国民国家ではなく、首里王府を中心とする琉球王国という旧支配秩序の再興でしかなかった。しかし、現在の沖縄では琉球王国が一五世紀から一六世紀の東アジアの国際秩序（中華秩序体系のなかで朝貢―冊封関係に依拠していた）のなかに存在していたという歴史性を無視したまま、沖縄が完全な国民国家であったという認識のうえに立った沖縄論が、現在でも盛んである。

しかしながら、沖縄の人々が単線的に日本人に同化していったわけではない。二〇世紀から二一世紀へと移る時点で指摘できることは、沖縄の人々が日本の文化に自己を近づけることを止めて、ウチナーンチュ（沖縄人）としての自信（誇り）をもち始めてきている点である。一方で、日本と沖縄を両極におく価値軸上を右から左（その逆でも）へ振り戻す現象でしかないと指摘することも可能だろう。それほど、日本という国家の強い磁場のなかに日本人や沖縄の人々がいることを示す証左であろう。

二一世紀にも、こうした国民国家によって国際社会が構成されるのだろうか。

二〇世紀末の現象は、加速度的にボーダーレス化する地球規模の経済社会へ向かっている。これまで国民国家が管理してきた経済活動は、国境を越えて拡大し続けている。一つの国民国家が管理できる経済活動は限定されている。むしろG7と称されるような先進工業国による多国間協調によって安定的で成長する世界経済が維持されるという議論も影をひそめ、先進国も発展途上国もグローバル化の波のなかに漂流しているとさえいわれる。すでに、一国だけで成り立つ経済社会は、姿を消しつつある。それは経済だけでなく、政治、社会、文化のさまざまな領域で生起している。

二〇世紀末のもうひとつの特徴は、「われわれ」意識がしだいにその範囲を縮小させつつあることだ。通信・交通の手段が飛躍的に発達するにつれ、情報が同時的に地球上を駆け巡り、人々の接触する機会が急増している。それは、それぞれの文化の違いに接することとなった。これまで国民国家の範囲と同一とされていた「われわれ」意識の範囲を狭める結果を生み出している。

また、国民国家のなかにおける政治参加の増大も「われわれ」意識の縮小を促している。沖縄を例として、日本政府が日本全体の公益を盾にして、沖縄の人々の要求する沖縄の米軍基地縮小に応えないことにより、沖縄の人々が日本との違いを認識しはじめていることを指摘できるのである。つまり、沖縄から基地縮小要求という日本政治への参加そのもののなかに、沖縄の人々のもっていた「われわれ」意識を日本全土から沖縄だけへ範囲を狭める地殻変動が起きているということだ。

国内における集権から分権へ、国家からの分離論の台頭、あるいは主権国家間の相互干渉（人道的介入は、典型的な例）なども、こうした例である。冷戦消滅後の世界で、一つの国民国家の枠のなかに入れられたエスニック・グループの間に紛争が多発している構造は、国民国家の統合過程の亀裂が分離の方向を顕在化させている結果に他ならない。

もちろん、二〇世紀型の国民国家は消滅しない。むしろ、国家間で解決できない問題に直面するほどに、国民国家への期待が高まっている。例えば、日米貿易摩擦にみられるそれぞれの国民の反応ぶりに顕著に現れている。身近な例を出せば、沖縄の振興開発には、政府の支援、とりわけ財政的措置や特別な扱いをする措置などが必要だという。それは、国民経済を越える質的転換が沖縄経済の「自立」だとすれば、政府からの支援は国民国家からの承認と支持を得ることに他ならない。その支援の結果の多くは、政府への依存を高めることになっている。だとすれば、政府の支援が依存から脱却するための方法として有効であるのか否かが、その重要な判断基準となろう。

「われわれ」意識の虚妄性

先に紹介した共同通信の記事「安保と沖縄」（三月二七日付）の見出しには、沖縄で顕在化する「自立志向」が取り上げられている。そこでいう「自立」は、その延長線上に「独立」を想定しているのだろう。もっぱら「自立」や「独立」の形態を沖縄の人々にインタビューしている。だが、これらの「自立」論には奥行が感じられない。なぜなら、同記事は沖縄の人々の「われわれ」意識の範囲を問うことなく、すでに日本全土から沖縄に縮小してしまった「われわれ」意識を暗黙の前提としているからである。つまり、現在の沖縄の人々の抱く「われわれ」意識が、一〇年前、五〇年前、一〇〇年前と比べてどう変化してきているのか、についての観察が欠如しているのだ。沖縄の人々の「われわれ」意識は、「日本」と国民国家に組み込まれて以来拡大する方向にあったからだ。いつ、なぜ、それは縮小し始めたのかを検討すべきなのだ。この点を抜きにした「自立」論、「独立」論に迫っても、現実味を欠く声を拾ったことに過ぎないだろう。

ウチナーンチュ（沖縄人）が、果たして自明のものとして存在しているのだろうか。ウチナーンチュとは、生まれたときからウチナーンチュだとすれば、沖縄を去って他の世界へ移り住んでいる者たち、沖縄に移り住んで来た者たち、沖縄に心を寄せる者たちは、どうなるのか。こうした者たちを含むのか否か、明確にする必要があろう。それは、いうまでもなくウチナーンチュである、あるいはウチナーンチュになる条件を明らかにすることである。

二一世紀において「独立」を志向する能力に支えられる沖縄像を描くとなれば、二〇世紀型の「独立」論ではなく、「われわれ」が日本から離脱する国家構想をもてるのかにかかっている。いかなる国家構想であれ、どのような価値実現をめざし、どのような理念を掲げるのか、誰をその構成員と想定するのか、これらは二一世紀の「独立」論には欠くことのできない点だ。そこから生まれる「われわれ」意識をもとに、それを共有する人々が自分たちの国家の形態を選択するのである。その形態として、日本との連邦制や特別自治地域から別個の国民国家の建設だってあり得る。その国民の総意として、もちろん、現状を選択してもよい。けっして新たな国民国家を建設する二〇世紀型の「独立」を結論として求めているのではない。

むしろ、「独立」を構想するのであれば、「われわれ」意識の覚醒と確認こそが最も重要な運動になる。「沖縄」イコール「琉球王国」論は、歴史的体験を共有する者としての「われわれ」意識の形成に役立つ。だが、「独立」論と「琉球王国」の再現とを混同する限り現実性を持ちえず、多くの人々から支持を受けないだろう。「われわれ」意識に不可欠なのは、例えば、「世界のウチナーンチュ」に見られるようなウチナーンチュの再定義を繰り返しながら、新たなウチナーンチュを生み出すことだと思う。それは、二〇世紀における民族主義からの訣別であり、国籍を越えるエスニック・グループの創造とも言える。だが、そこに潜む民族主義への回帰を、その創造過程のなかで整理していけるのかどうかが、回避できない問題として、すぐに立ち現れる。具体的に言うと、それは、国家にその身をすりよせていく「わたし」であり、「われわれ」と称する人々の存在である。

「わたし」に支えられた集団へ

新たなウチナーンチュには、暗黙のうちに「わたし」自身を含むことを想定している。「わたし」自身を含む多数の「わたし」という個から構成される新ウチナーンチュ集団とでも言える。その際、「わたし」がこれまで身にまとわりつけた血縁、地縁、伝統、習慣などの日常生活の部分との拮抗関係を「わたし」自身はどのように引き受けることができるのか。そのことは、「わたし」自身が第一に問うべきことであろう。まさに、「わたしは誰なの」と。「わたし」のうちにあるものから語らねばならない。それは自分自身を安全地帯においたうえでの分析対象への「客観的」態度とは、まったく別のものである。むしろ、ある特定の時代に生きている人間であるという意味での歴史性（存在被拘束性とも言えるだろう）を、「わたし」から堆積されていく「われわれ」意識の核として捉えることを意味している。

（初出＝佐久川政一・鎌田定夫編『冷戦後の日本と沖縄』谷沢書房、一九九七年所収）

著者紹介

我部政明（がべ・まさあき）

1955年、沖縄に生まれる。慶應義塾大学大学院法学研究科博士課程政治学専攻中途退学。在フィリピン日本大使館専門調査員、米・ジョージ・ワシントン大学客員研究員を経て、現在琉球大学法文学部教授。専門は国際政治、日米関係、安全保障。著書に、『日米関係のなかの沖縄』（三一書房、1996年）、『沖縄返還とは何だったのか』（日本放送出版協会、2000年）、『日本安保を考え直す』（講談社現代新書、2002年）などがある。

世界のなかの沖縄、沖縄のなかの日本：**基地の政治学**

2003年10月21日　第1刷発行©

著　者	我部政明
写真提供	琉球新報社
発行者	伊藤晶宣
発行所	㈱世織書房
組版・印刷所	㈱マチダ印刷
製本所	協栄製本(株)

〒240-0003 神奈川県横浜市保土ヶ谷区天王町1丁目12番地12
電話 045(334)5554　振替 00250-2-18694

落丁本・乱丁本はお取替いたします　Printed in Japan
ISBN4-902163-02-0